今すぐ使える かんたん

Zoom

ビデオ
オンラ
活用する本

Imasugu Tsukaeru Kantan Series : Zoom

技術評論社

本書の使い方

- 画面の手順解説だけを読めば、操作できるようになる！
- もっと詳しく知りたい人は、両端の「側注」を読んで納得！
- これだけは覚えておきたい機能を厳選して紹介！

特 長 1

機能ごとに
まとまっているので、
「やりたいこと」が
すぐに見つかる！

● 基本操作

赤い矢印の部分だけを読んで、
パソコンを操作すれば、
難しいことはわからなくても、
あっという間に操作できる！

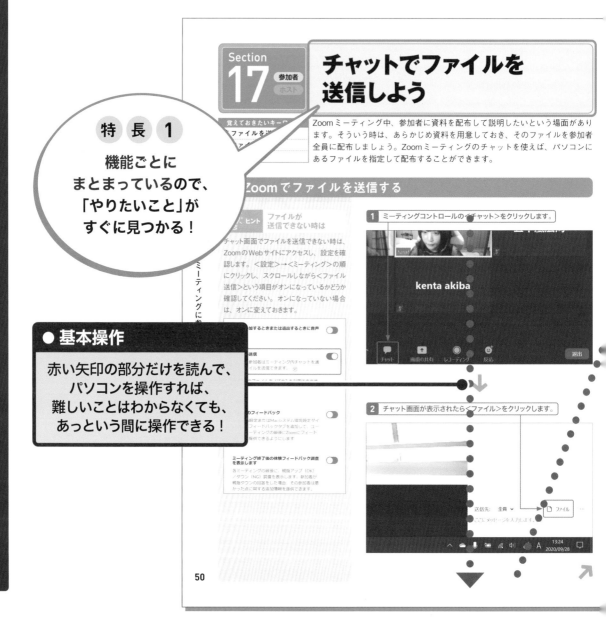

Section
17 参加者 ホスト

チャットでファイルを送信しよう

Zoomミーティング中、参加者に資料を配布して説明したいという場面があります。そういう時は、あらかじめ資料を用意しておき、そのファイルを参加者全員に配布しましょう。Zoomミーティングのチャットを使えば、パソコンにあるファイルを指定して配布することができます。

Zoomでファイルを送信する

ヒント ファイルが送信できない時は

チャット画面でファイルを送信できない時は、ZoomのWebサイトにアクセスし、設定を確認します。＜設定＞→＜ミーティング＞の順にクリックし、スクロールしながら＜ファイル送信＞という項目がオンになっているかどうか確認してください。オンになっていない場合は、オンに変えておきます。

1 ミーティングコントロールの＜チャット＞をクリックします。

kenta akiba

2 チャット画面が表示されたら＜ファイル＞をクリックします。

送信先： 全員 ▼   ファイル

50

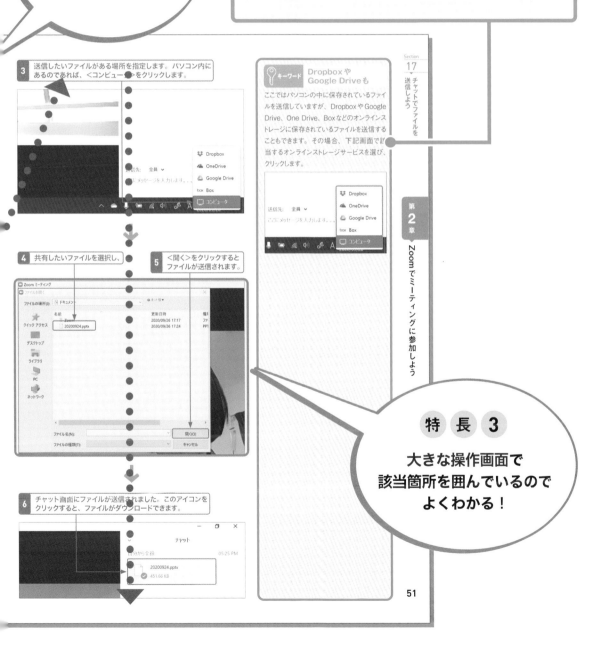

特 長 **2**

やわらかい上質な紙を
使っているので、
開いたら閉じにくい！

● 補足説明

操作の補足的な内容を「側注」にまとめているので、
よくわからないときに活用すると、疑問が解決！

 メモ
補足説明

 ヒント
便利な機能

 キーワード
用語の解説

 ステップ
アップ
応用操作解説

3 送信したいファイルがある場所を指定します。パソコン内に
あるのであれば、＜コンピュータ＞をクリックします。

🔑 キーワード Dropbox や
Google Drive も

ここではパソコンの中に保存されているファイ
ルを送信していますが、Dropbox や Google
Drive、One Drive、Box などのオンラインス
トレージに保存されているファイルを送信する
こともできます。その場合、下記画面で該
当するオンラインストレージサービスを選び、
クリックします。

Section
17
チャットでファイルを
送信しよう

第**2**章 Zoomでミーティングに参加しよう

4 共有したいファイルを選択し、

5 ＜開く＞をクリックすると
ファイルが送信されます。

6 チャット画面にファイルが送信されました。このアイコンを
クリックすると、ファイルがダウンロードできます。

特 長 **3**

大きな操作画面で
該当箇所を囲んでいるので
よくわかる！

目次

第 **1** 章　**Zoomを始める準備をしよう**

第 2 章　Zoomでミーティングに参加しよう

第 3 章　Zoomでミーティングを開こう

目次

第 4 章　もっとZoomを使いこなすための設定を知ろう

第 **5** 章 ミーティングを円滑に進めるための設定をしよう

目次

ビデオ会議の基本

インターネットを介して、映像や音声、テキストなどによる複数人同士のコミュニケーションを可能にしてくれるのがビデオ会議システムです。ビデオ会議では、メンバーの1人がホスト（主催者）となり、会場を設定します。ホストを含め参加者はその会場に集まり対話を行うイメージです。Zoomではこれをミーティングと呼び、テレビ電話のように1対1の対話から、セミナーのような1対多のビデオ会議を行うことができます。

1 ビデオ会議とは

ビデオ会議用のソフトウェアとして代表的なものの1つにZoomがあります。Zoomを使えば、手軽にテレビ電話のように1対1で対話することや、セミナーのような1対多のビデオ会議を行うことができます。

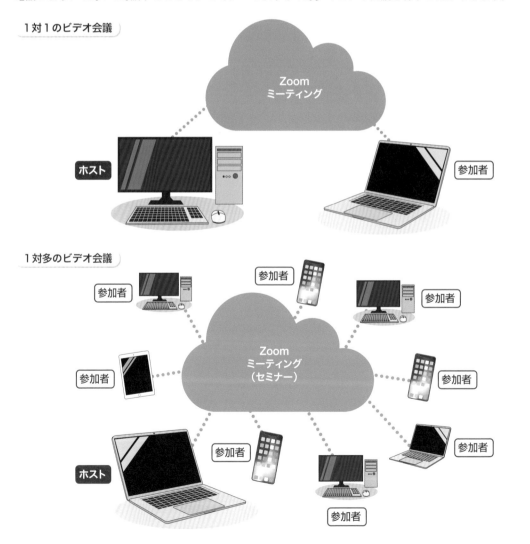

1対1のビデオ会議

Zoom
ミーティング

ホスト　　　　　　参加者

1対多のビデオ会議

参加者　参加者　参加者　参加者

Zoom
ミーティング
（セミナー）

参加者　参加者　参加者　参加者

ホスト　参加者　参加者

2 Zoomでビデオ会議（ミーティング）を開催する

ここでは簡単にZoomでミーティングを開催する際の流れを見てみましょう。

1 ホスト（主催者）がミーティングを設定し、参加者を招待します。

○月×日△時
Zoomミーティングを
開催します！

HOST

● URL
● ミーティングID
● パスワード

Zoomミーティング開催時のホストの役割
・ミーティングを予約／開始する
・参加者を招待する
・参加者の入室を許可する
・ミーティングを終了する

2 参加者は予定の日時に指定の場所にアクセスします。

Zoomミーティングに
参加します！

GUEST

Zoomミーティングでの参加者の役割
・招待メールなどでミーティング内容を確認
・開催日時に指定の場所にアクセスしてミーティングに参加する

3 Zoomミーティングが開始されます。

発言する

途中退出も
可能

チャットで
メッセージを送る

いいね！を
送る

etc…

11

Zoomを使ってできること

Zoomは、映像と音声を使って、離れている場所にいる相手と話すことができる便利なツールです。Zoomを使えば、さまざまなことができます。仕事の打ち合わせやイベントはもちろん、遠く離れた親戚や家族と話したり、学校やカルチャーセンターなど、教育や学習目的で使ったりすることもできます。ここでは、Zoomを使ってできることをいくつか紹介しましょう。

1 仕事の打ち合わせ

ビジネスシーンでよく使われるのは、オンラインミーティングです。テレワークを実施している会社の中には、Zoomを使って定期的に打ち合わせをしているという例もあります。ミーティングに参加するのにアカウントの登録は不要なので、社外スタッフとのミーティングにも適しています。

2 イベント／発表会／プレゼンテーション

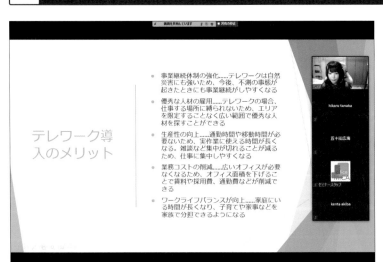

オンラインでイベントや発表会を開く企業も増えています。Zoomを使えば、必要な資料を表示しながら説明することができるので、こうしたイベントでの利用にも適しています。Zoomには録画機能も備わっているため、動画を録画して後日、動画共有サイトで配信するという使い方もできます。

3 教育／コミュニティ

学校やカルチャーセンターなどのオンライン講座、コミュニティやサロンなどでZoomを使う例も増えています。資料を表示して話すほか、資料を配布したり、グループごとに分かれて話し合ったりすることもできるため、うまく活用すれば教育コンテンツでも力を発揮します。

4 友だちや家族とおしゃべり

Zoomはパソコンだけでなく、スマートフォンやiPadなどのタブレット端末でも使えます。そのため、遠く離れた場所に住んでいる家族や親戚、友人と話をするツールとしても手軽に活用することができます。1対1なら、無料で長時間話をすることができます。

メモ　大規模イベントもZoomで!

Zoomを使えば、大規模イベントが開催できるようになります。有料プランに加入し、「ウェビナー」オプションを購入すれば、最大10000人規模のイベントも可能です。参加者が質問できるQ&A機能も備わっているため、参加者の満足度も高まります。さらにFacebookなどのSNSでライブストリーミング配信することもできるため、認知を広げるツールとしても効果的です。

Zoomを使うために必要なもの

Zoomを始める前に、利用する際に必要なものを用意しておきましょう。パソコンやスマートフォン、タブレットに加え、マイクやスピーカー、Webカメラが必要になる場合もあります。ネットワークの速度はZoom側で最適化されるため、あまり心配する必要はありませんが、インターネットに接続できるどうかは確認しておきましょう。

1 あらかじめ用意しておきたいもの

ノートパソコンやスマートフォン、タブレットの場合、カメラやマイク、スピーカーは最初から付いているものが多いので、本体があれば特に困りません。ただし、カメラが付いていないノートパソコンであれば、カメラを用意する必要があります。外部のノイズが気になるのであれば、ヘッドホン（もしくはヘッドセット）やイヤホンを用意しておきましょう。

自分の顔を映すカメラ

外付けカメラ
（UCAM-C980FBBK：エレコム）

話している声を聞くヘッドホン（ヘッドセット）

ヘッドセット
（HS-ARMA200VBK：エレコム）

自分の声を伝えるマイク

BSHSMUM110SV：
バッファロー

📖 メモ スピーカーフォンを使う

会議室などで複数人がZoomでミーティングに参加する場合、個々のメンバーがそれぞれのパソコンで音声を利用すると、ハウリングの原因にもなり、音声をクリアに伝えることができない場合があります。そういう場合には複数人が1つのマイクとスピーカーを共有できるスピーカーフォンを使うと便利です。家の中や外出先で家族の声や外の騒音が気になる場合、ヘッドセットやマイク付きのイヤホンを使いましょう。こちらの声もクリアに伝えることができます。

スピーカーフォン
（みんなで話す蔵：サンコーレアモノショップ）

2 通信環境を確認しておこう

必要な通信環境と機材

デバイス	インターネット接続	映像/音声	オプション
パソコン	有線接続（LAN）	内蔵カメラ、マイク	Webカメラまたは HD Webカメラ、ビデオキャプチャカード搭載の HDカム、または HD カムコーダ
	Wi-Fi		
スマートフォン/タブレット	モバイル通信（4G/LTE など）	自撮り用カメラ、マイク	Bluetooth ワイヤレススピーカーとマイク
	Wi-Fi		

推奨される回線速度

主体	1対1	グループ	画面共有	そのほか
参加者	高品質ビデオ：600kbps（下り）		ビデオサムネイルなし：50-75kbps（下り）	音声のみ 60-80kbps（下り）
	HDビデオ：1.2Mbps（下り）		ビデオサムネイルあり：50-150kbps（下り）	
主催者	高品質ビデオ：600kbps（上り/下り）	高品質ビデオ：600kbps/1.2Mbps（上り/下り）	ビデオサムネイルなし：50-75kbps	オーディオVoIPの場合 60-80kbps
	HDビデオ：1.2Mbps（上り/下り）	ギャラリービュー：1.5Mbps/1.5Mbps（上り/下り）	ビデオサムネイルあり：50-150kbps	

サポートされている端末

パソコン	PC	Windows 10
		Windows 8 または 8.1
	Mac	macOS 10.9以降
iOS と Android デバイス　ほか		

> 📖✏ **メモ**　**Webブラウザー**
>
> Zoomを利用するには、Webブラウザーが必要です。サポートされているブラウザーは、以下の通り。
>
> | Windows | IE11、Edge 12、Firefox 27、Chrome 30 |
> |---|---|
> | Mac | Safari 7、Firefox 27、Chrome 30 |

3 料金プランを確認しておこう

基本プラン（個人向け）	
価格	無料
参加人数	100人まで
ホスト人数	1人
利用時間	1対1の場合は無制限、グループ利用の場合は40分まで

プロプラン（小規模チーム向け）	
価格	20,100円/年/ホスト
参加人数	100人まで
ホスト人数	最大100人まで
利用時間	無制限

ビジネスプラン（中小企業向け）	
価格	26,900円/年/ホスト
参加人数	300人まで
ホスト人数	300人まで
利用時間	無制限

企業プラン（大企業向け）	
価格	27,000円/年/ホスト
参加人数	500人まで
ホスト人数	500人まで
利用時間	無制限

Chapter 01

第1章

Zoomを始める準備をしよう

Zoomについて知ろう

覚えておきたいキーワード
☑ ビデオ会議
☑ ホワイトボード
☑ チャット

Zoomは、インターネット上のサーバーを通じて複数の人が集まり、ミーティングやセミナー、発表会などを開催する目的で使われるビデオ会議システムです。参加するだけなら、アカウントを作る必要はありません。ノートパソコンやスマートフォンがあれば、誰でもすぐに参加できます。

第
1
章

Zoomを始める準備をしよう

1 参加者が多くてもスムーズに話ができる

 キーワード　Zoomとは

Zoomは、Zoomビデオコミュニケーションズが運営するビデオ会議システム。2011年に創業し、2013年にサービスが開始されました。2020年4月には1日当たりの利用者数が3億人を超え、前年と比べると30倍に急増しています。

Zoomは複数の参加者が一同に集まって話せるビデオ会議システムです。

グループに分かれて話をすることもできます。

2 セミナーや打ち合わせに便利な機能を装備

セミナーでは、資料を見せながら話すこともできます。

ホワイトボードを使って自由に書きながら話すこともできます。

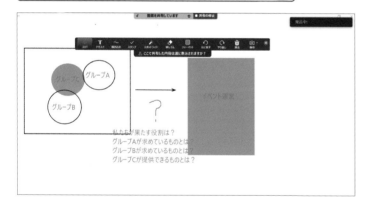

チャットを使えばテキストでも会話できます。

📖✍ **メモ アカウントを登録しなくてもOK**

他のビデオ会議システムと違い、参加するのにアカウント登録は不要。参加して欲しい相手にメールやメッセージを送って招待すれば、即座に参加できます。そのため、会議や打ち合わせ、セミナー、発表会などのイベントでよく使われます。仕事だけでなく、友だち同士の飲み会など、プライベート用途でも気軽に使えます。

📖✍ **メモ チャットを使うシーンは**

チャットは、会話を邪魔したくないが言いたいことがある場合や、難しい漢字を使った固有名詞を伝えたい場合、Webページのアドレスを伝えたい場合などで使うと便利です。チャットの使い方は、Sec.16で解説しています。

Section 02 参加者 ホスト
Zoom導入の手順を確認しよう

ここでは、アカウント登録からクライアントアプリ（デスクトップアプリ）をインストールし、起動するまでの流れを説明します。ミーティングに参加するだけであれば、アカウントの登録は必要ありませんが、本書の解説は、基本的にアカウントが登録済みであることを前提に進めていきます。

1 Zoom導入の手順を確認する

 メモ 無料アカウントでOK

Zoomのアカウントには、無料のものと有料のものとがあります。違いはSec.04で説明していますが、少し使ってみる程度であれば無料アカウントでOKです。

ここでは、クライアントアプリのダウンロードからインストール、起動までをかんたんに説明します、詳細は各セクションで確認してください。

1 Sec.05の手順を参照しながら「https://www.zoom.us」でアカウントを登録します。

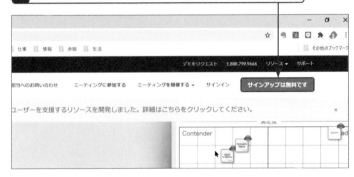

2 Sec.06の手順を参照しながら、クライアントアプリをダウンロードし、インストールします。

キーワード クライアント

クライアントとは、サーバーにアクセスしてサービスを利用する側のコンピューターやアプリのこと。本書では、Zoomのサーバーにアクセスし、ミーティングの開催を依頼する際に使うアプリのことを「クライアントアプリ」と呼びます。

3 Sec.07の手順を参照しながらクライアントアプリを起動し、サインインします。

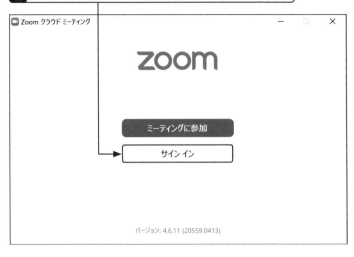

4 この画面（ホーム画面）が開いたら、Sec.07を参照し、機能を確認してください。

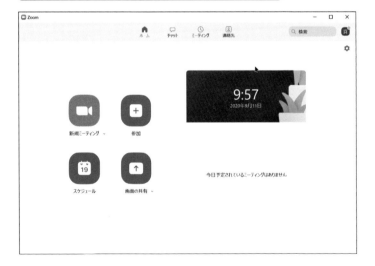

 **メモ** スマホ用アプリもある

Zoomのクライアントアプリには、パソコン用だけでなくスマホやタブレット用のアプリもあります。その場合、「App Store」や「Play ストア」などアプリストアで「Zoom」を検索し、ダウンロードして使います。

アプリ名 ZOOM Cloud Meetings
iOS Android
カテゴリ：ビジネス
料　金：無料

 メモ アカウントなしでも参加できる

Zoomミーティングに招待された時、アカウントを作らずに参加する方法もあります。Webブラウザーで「https://zoom.us/」にアクセスし、画面右上の「ミーティングに参加する」をクリックした後、指定されたミーティングIDまたはパーソナルリンクを入力するとミーティングが開きます。

ミーティングに参加する

ミーティングIDまたはパーソナルリ

参加

ホスト（主催者）と 参加者の違いを知ろう

覚えておきたいキーワード
- ☑ ホスト（主催者）
- ☑ 参加者
- ☑ ミュート

Zoomミーティングを行う際、そのミーティングを開催するのが「ホスト」で、ミーティングに参加するのが「参加者」です。「ホスト」は、「参加者」が使えないさまざまな権限を持っています。ここでは、ホストが実行できる権限についていくつか紹介します。

1 ホストは参加者の音声やビデオ、名前を管理できる

📖✎メモ **全員をミュートする**

複数のメンバーでミーティングを行う際、同時に複数のメンバーが話し始めてしまうと、音声が途切れて内容がわかりにくくなります。これを防ぐには、あらかじめ全員ミュート（消音）にしておき、挙手した人だけがミュートを外して話すようにしましょう。もしメンバーが自分でミュートにできなければ、ホスト側で強制的にミュートにすることもできます。

参加者のビデオを停止します。

参加者の名前を変更します。

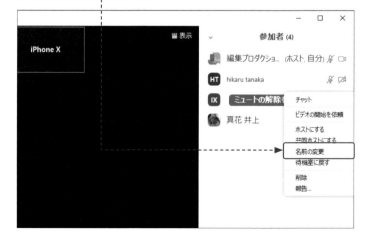

📖✎メモ **参加者の名前を変える**

参加者は自分の名前を好きな名前に変えることができますが、なかにはうまく変えられない人もいます。ホストは、参加者の名前を自由に変更することができます。参加者が自分で変えられない時は、変えたい名前を聞き、その名前に変えてあげましょう。

2 ホストはミーティングへの入退出を管理できる

1 Webページの＜ミーティング＞で＜待機室＞が
有効になっているかどうか確認します。

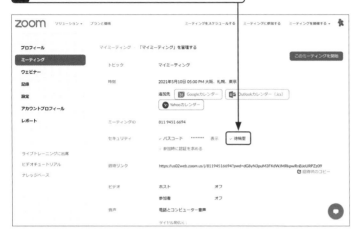

ヒント 待機室とは

Zoomの「待機室」とは、ミーティングの主
催者がミーティングルームへの参加をコント
ロールする機能。ミーティングに参加する人
をいったん「待機室」に入れることで、参加
を許可したメンバーだけがミーティングに参加
できるようになります。ホストが先にミーティン
グルームに入って準備している間、他の参
加者を待たせておくこともできます。

2 ミーティングの際、参加者の待機室からの入室を許可します。

ステップアップ ミーティングを録画する

Zoomミーティングの主催者は、ミーティングを録画すること
ができます。会議内容を記録したり、配信したセミナーを後
日動画としてオンライン公開する際は利用しましょう。録画し
たデータは、YouTubeにアップロードして公開することも可
能。その際、限定公開にすれば、URLを知っている人だ
けがその動画を見られるようになります。

23

有料アカウントで
できることを知ろう

覚えておきたいキーワード
☑ 基本プラン
☑ プロプラン
☑ ウェビナー

Zoomの基本機能は無料アカウントでも十分使えます。プライベートで使うのであれば無料のアカウント（基本プラン）で問題ありません。複数名でのミーティングをたびたび行うのであれば、時間制限なくたっぷり話ができる有料のアカウント（プロプラン以上）を取得しておくとよいでしょう。

1 有料アカウントでできること

 無料アカウントの制限

無料アカウントの場合、1対1で話せば時間制限はありませんが、参加者が3名以上になると最大40分しか話せません。もっと長く話したい場合は、有料アカウントを登録する必要があります。

複数名で時間制限なく話ができます。

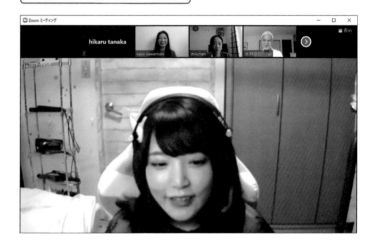

録画データをローカルに保存することができます。

メモ 録画データを保存する場所

無料アカウントの場合、録画データはクラウドに保存されますが、有料アカウントだとローカルに保存できます。ただし録画データは容量が大きいため、パソコンのHDD容量を圧迫しないためにはクラウドに保存したほうがよいかもしれません。

第1章 Zoomを始める準備をしよう

2 ビジネスユースなら有料アカウントに

複数名でホストを担当することができます。

📖✍ **メモ** ウェビナーとは

ウェビナーとは、オンラインでセミナーを行う際に利用するサービス。通常のZoomでは参加者をミュートすることで音声を制限できますが、ウェビナーの場合は基本的に参加者は発言できません。発表会をオンラインで行う場合、ウェビナーで開催するケースが多いようです。

参加者を招待してウェビナーを開催することができます。

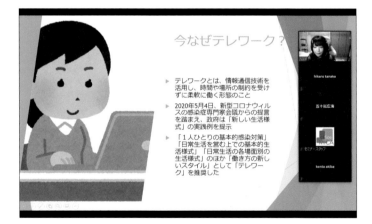

ステップアップ 共同ホストがやるべきこと

共同ホストに任命されたら、どんなことをすればいいのでしょうか。いろいろありますが、代表的な役割は次の通りです。それぞれ操作方法が説明されているページがあるので、わからない時はそのページを開いて確認してください。

1	参加者のミュートを管理する（Sec.44）
2	チャットでサポートする（Sec.16）
3	チャットを管理する（Sec.46）
4	参加者のトラブルをフォローする（Sec.51）
5	Zoomミーティングの様子を録画する（Sec.24）
6	トラブルが起きた時に対応する（Sec.49/Sec.50）
7	ブレークアウトルームを補佐する（Sec.48）

Section 05 参加者 ホスト

アカウントを登録しよう

覚えておきたいキーワード
☑ アカウント
☑ サインアップ
☑ メールアドレス

Zoomミーティングに参加する機会が多かったり、ミーティングを主催したりするのであれば、アカウントを登録しておきましょう。アカウント登録には、メールアドレスが必要です。あらかじめ用意し、登録手続きを始めましょう。ここでは、アカウントを登録する手順を見ていきます。

第1章 Zoomを始める準備をしよう

1 アカウント登録（サインアップ）する

📖✍メモ **スマホでサインアップするには**

ここではパソコンを使ったサインアップ方法を説明していますが、スマホからサインアップする方法もあります。スマホの場合、Zoomアプリをインストールし、アプリの起動画面で＜サインアップ＞をタップします。その場合も、登録用のメールアドレスと名前が必要ですので、あらかじめ用意しておきましょう。

1 Webブラウザー（ここではMicrosoft Edge）でZoomのサイト（https://zoom.us/）にアクセスし、

2 ＜サインアップは無料です＞をクリックします。

3 次の画面で生年月日を入力し、この画面でメールアドレスを入力して、

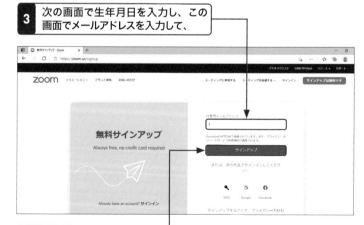

📖✍メモ **SNSアカウントでも登録可能**

GoogleやFacebookなどのアカウントを持っている場合、サインアップ画面で＜Googleでサインイン＞＜Facebookでサインイン＞をクリックすると、ユーザー登録ができます。

4 ＜サインアップ＞をクリックします。

5 メーラーを起動し、Zoomからの確認メールを開いて＜アクティブなアカウント＞をクリックします。

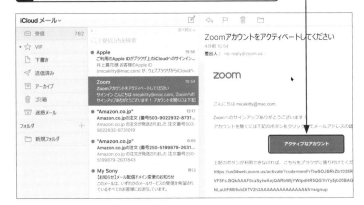

ヒント パスワードを決めるには

パスワードは好きな文字列にできますが、次のような条件があります。

・8文字以上であること
・アルファベットが1つ以上含まれていること
・アルファベットは大文字と小文字の両方が含まれていること
・数字が1つ以上含まれていること

この条件を満たしたパスワードを考えて登録しましょう。

6 ブラウザーが開いたら、指示に従って必要項目を入力します。

7 入力が終わったら＜続ける＞をクリックします。

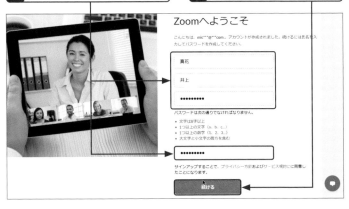

アカウント登録が完了しました。

ヒント Webページからサインインするには

ZoomのWebページからサインインするには、ブラウザーでZoomのサイトにアクセスし、サインインをクリックします。具体的な操作はSec.33を参照してください。サインアウトするには、右上の自分のアイコンをクリックし、表示されたメニューで「サインアウト」をクリックします。

Zoomのクライアントアプリをインストールしよう

Section 06 参加者 ホスト

覚えておきたいキーワード
☑ ダウンロード
☑ インストール
☑ クライアントアプリ

パソコンでZoomを使うには、Zoomのクライアントアプリをインストールする必要があります。ここではZoomアプリのダウンロードからインストールの方法までを紹介します。なお、本文ではWindowsで説明していますが、Macでも同様の方法でダウンロードからインストールまで行えます。

1 Zoomのクライアントアプリをダウンロードする

 クライアントアプリのインストール

ここでは、クライアントアプリのダウンロードからインストールまでの手順を解説しています。第2章以降の解説では、クライアントアプリの使用が前提になりますので、ここで起動までの確認を行っておいてください。

1 Webブラウザー（ここではMicrosoft Edge）でZoomのサイト（https://zoom.us/）にアクセスし、

2 画面下部に移動し、＜ダウンロード＞をクリックします。

3 ダウンロードセンターが開くので、ミーティング用Zoomクライアントの＜ダウンロード＞をクリックします。

 ダウンロードセンター

「ダウンロードセンター」では、Zoomミーティングで使うアプリのほか、OutlookでZoomミーティングを開始するアドインや、WebブラウザーでZoomミーティングが使いやすくなる機能などが公開されています。Zoomに慣れてきたら、こういったツールも使っていくといいでしょう。

第1章 Zoomを始める準備をしよう

2 Zoom をインストールする

1 インストーラーのダウンロードを終了すると、ブラウザー下部に
ファイル名が表示されるので<ファイルを開く>をクリックします。

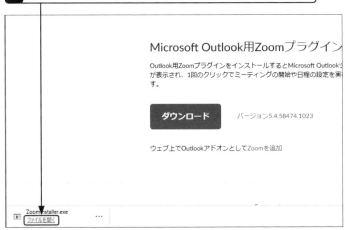

Microsoft Outlook用Zoomプラグイン

Outlook用ZoomプラグインをインストールするとMicrosoft Outlookに
が表示され、1回のクリックでミーティングの開始や日程の設定を実
す。

ダウンロード   バージョン5.4.58474.1023

ウェブ上でOutlookアドオンとしてZoomを追加

Zoominstaller.exe   ···
ファイルを開く

2 インストーラーが起動し、「このアプリがデバイスに変更を加える
ことを許可しますか?」と表示されたら<はい>をクリックします。

ユーザー アカウント制御   ×

このアプリがデバイスに変更を加えることを許可します
か?

Zoom Video Communications, Inc.

確認済みの発行元: Zoom Video Communications, Inc.
ファイルの入手先: このコンピューター上のハード ドライブ

詳細を表示

はい   いいえ

インストールが開始され、しばらく待つと
クライアントアプリが起動します。

Zoom クラウド ミーティング   —

zoom

ミーティングに参加

サイン イン

メモ ダウンロードされた
ファイルはどこにある?

ダウンロードされたファイルは、通常「ユー
ザー」フォルダの「ダウンロード」フォルダに
保存されます。**1**のようなダイアログが開か
ない場合は、「ダウンロード」フォルダを開い
て確認してみましょう。

29

Section 07 クライアントアプリの画面と機能を知ろう

参加者 **ホスト**

覚えておきたいキーワード
- ☑ サインイン
- ☑ ミーティングID
- ☑ 個人リンク

Zoomミーティングのクライアントアプリがあれば、ミーティングを開催したり、ほかの人が開催しているミーティングに参加したりする際に便利です。たびたびZoomミーティングに参加するのであれば、クライアントアプリをインストールしておきましょう。ここでは、アプリの画面や機能の概要について説明します。

1 起動画面の機能を知ろう

メモ サインインは必要?

アプリを起動すると<サインイン>と<ミーティングに参加>という2つのボタンが表示されます。ミーティングに参加するだけならサインインする必要はありませんが、自分がホストとなるのであれば、サインインが必要です。また、参加するだけであっても継続してZoomを使う場合は、サインインしておくといいでしょう。サインインしたままの状態でアプリを起動すると、手順❶、❷は省略され、P.31のホーム画面が開きます。

メモ 起動画面でサインインするには

起動画面で「サインイン」をクリックすると、この画面が開きます。Sec.05で登録したメールアドレスとパスワードを入力してサインインしてください。まだアカウントがない場合は「無料でサインアップ」をクリックし、Sec.05を参考にサインアップしてください。

1 サインインしていない状態でクライアントアプリを起動すると、この画面が表示されます。ほかの人が主催するミーティングに参加する時は、<ミーティングに参加>をクリックします。

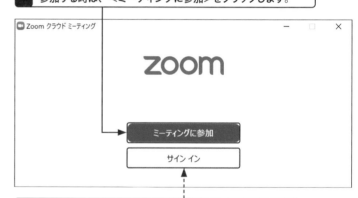

Zoomにサインインする時は<サインイン>をクリックします。サインインすると、P.31の「ホーム画面」が開きます。

2 この画面が開くので、招待された内容からミーティングID または個人リンク名を入力してミーティングに参加します。

2 ホーム画面の機能

チャットを使えばリアルタイムにテキストでやりとりできます。

予約しているミーティングの一覧が確認できます。

ほかの人が主催するミーティングに参加できます。

よくミーティングする相手は、連絡先に登録しておきます。

すぐにミーティングを開始できます。

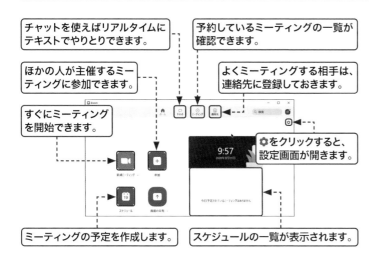

⚙をクリックすると、設定画面が開きます。

ミーティングの予定を作成します。

スケジュールの一覧が表示されます。

💡 ヒント 「画面の共有」とは

ホーム画面の右下に＜画面の共有＞というボタンがあります。これは、Zoomミーティングに参加して自分のパソコンの画面を見せたい時に使う機能。資料を見ながら話をしたい時などに使います。Zoomミーティング開始後、画面を共有することもできます。具体的な操作方法についてはSec.25で説明していますので、そちらを参照してください。

スケジュール　　画面の共有 ⌄

---

3 設定画面の機能

設定する項目を選びます。

各項目の詳細設定を行います。

ZoomのWebサイトで設定します。

📖 メモ プロフィールアイコン

右上のプロフィールアイコンをクリックすると、オプションメニューが開きます。ここでは、自分のアカウントで使っているメールアドレスを確認したり、自分のステータス（状況）を変えたり、アカウントを切り替えたりすることができます。

一般	Zoomアプリ全般の設定を行う
ビデオ	映像に関する設定を行う
オーディオ	音に関する設定を行う
画面の共有	画面共有に関する設定を行う
チャット	チャットに関する設定を行う
背景とフィルター	映像の背景と、フィルターの設定を行う
レコーディング	Zoomミーティングを録画する際の設定を行う
プロフィール	自分のプロフィールを編集する
統計情報	ネットワークの速度やCPUの使用率を確認する
キーボードショートカット	Zoomミーティング中に使えるショートカットキーを確認する
アクセシビリティ	字幕の文字サイズや画面に表示されるアラートを設定する

ミーティング画面と機能を知ろう

覚えておきたいキーワード
☑ ミーティングコントロール
☑ スピーカービュー
☑ ギャラリービュー

Zoomクライアントアプリをインストールすると、アプリを使ってZoomミーティングに参加したり、開催したりすることができるようになります。ここでは、ミーティング中の画面と、操作メニュー（ミーティングコントロール）およびそれぞれの用途について説明します。

第1章 Zoomを始める準備をしよう

1 2つのビデオレイアウトについて知っておこう

📖 メモ
ミーティング画面のレイアウト（ビュー）を変える

ミーティングが始まると、参加者の顔が表示されます。参加者が複数名いる場合、1人だけ大きく映るビューと、複数名の参加者が一覧表示されるビューがあります。1人しか表示されていない表示画面で、他の参加者を確認したい場合は、右上のボタンをクリックしてビューを変更します。

ビュー切り替えボタン

ミーティングコントロール（P.33参照）

スピーカービュー

ギャラリービュー

 ヒント
参加者を確認したい時は

このミーティングにどれくらいの人が参加しているかを知りたい時は、ツールバーの＜参加者＞の横にある数字を確認します。この数字が、参加人数になります。誰が参加しているのか知りたい時は＜参加者＞をクリックすると参加者パネルに名前が一覧できます。

2 ミーティングコントロールの機能を知っておこう

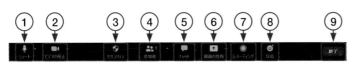

① ミュート	マイクをオフにして、こちら側の声が聞こえないようにする	
② ビデオの停止	映像をオフにして、こちら側の映像が見えないようにする	
③ セキュリティ（主催者のみ）	ミーティングをロックし、新しい参加者がミーティングに参加できないようにするなど、各種制限を行う	
④ 参加者	ミーティング参加の許可や参加者の名前変更、ミュートなどを行う	
⑤ チャット	参加者とテキストで会話したい時に使う	
⑥ 画面の共有	資料など画面を見せて話したい時に使う	
⑦ レコーディング	ミーティングの様子を録音・録画する	
⑧ リアクション	「いいね！」や拍手などでリアクションしたい時に使う	
⑨ 終了または退出	ミーティングを終了または退出する	

📖 **メモ** 最初からミュートになっているときは

ミーティングコントロールの左下にある＜ミュート＞が最初からオンになっている場合があります。ミーティングのホストが、ミーティングの際に参加者が発言しないように全員をミュートしているので、そのままにしておきましょう。

1 ビデオを停止をクリックすると、

2 自分の映像が映らなくなります。

👣 **ステップアップ** 「ミュート」と「ビデオ停止」

ミーティングには参加したいけど、あまり目立ちたくないという場合は、＜ミュート＞と＜ビデオ停止＞の両方を設定しておきましょう。ビデオを停止すれば姿は見えなくなりますが、音は聞こえてしまいます。ビデオを停止にしたから大丈夫だろうと思っていても、家族の会話や生活音がすべて参加者に聞かれてしまうかもしれません。ミーティングに参加する前に＜設定＞で＜ミーティングの参加時にマイクをミュートに設定＞をオンにしておくとさらに安心です。

Section **09** 参加者 ホスト

スピーカーとマイクの テストをしよう

Zoomミーティングに参加すると、相手の声が聞こえなかったり、自分の声が出ていなかったりすることがよくあります。ミーティングが始まってから慌てないように、前もってマイクとスピーカーが使えるかどうかチェックしておきましょう。

1 オーディオとマイクの設定を行う

 メモ 「声が聞こえにくい」と言われたら

Zoomミーティング中に「声が聞こえにくい」と言われたら、<設定>の<オーディオ>を開き、<マイク>の<自動で音量を調整>をオフにした後、音量を手動で調整してみましょう。

マイク配列 (Realtek High Definitio...)
□ 自動で音量を調整

1 Zoomクライアントアプリでサインインした後、右上の⚙アイコンをクリックします。

2 <オーディオ>をクリックし、

3 <スピーカーの……>をクリックしてスピーカーから音が出ることを確認します。

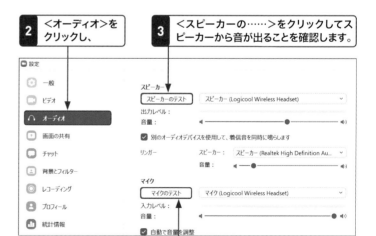

4 <マイクのテスト>をクリックし、マイクが動作していることを確認します。

2 ミーティング画面からオーディオの設定を行う

1 Zoomクライアントアプリからミーティングを開催（参加）すると、この画面が開くので＜コンピューターオーディオのテスト＞をクリックします。

 スピーカーのテストが始まります。音が聞こえたら「はい」をクリックします。同様にマイクのテストも行います。

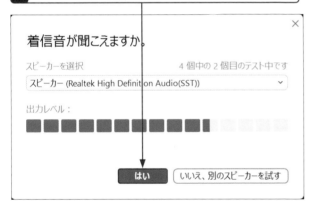

3 テストが終わったら、＜テストを終了＞をクリックします。

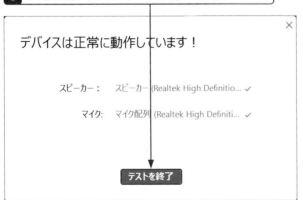

ヒント テストで音が聞こえない時は

テストで音が聞こえない時は「いいえ」をクリックします。すると次の画面が開くので、今使っているマイクやスピーカー以外のものを選んで再度試してみてください。

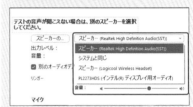

ヒント ミーティング接続時に自動的にオーディオに接続するには

左下の「ミーティングへの接続時に、自動的にコンピューターでオーディオに接続」にチェックを入れると、次回からこの画面が表示されず、自動的にオーディオに接続されるようになります。

 チェック

テストミーティングで
映像と音声を確かめよう

覚えておきたいキーワード
☑ **テストミーティング**
☑ **マイク**
☑ **スピーカー**

Zoom ミーティングに参加する前に映像と音を確認するには、Zoomの「テストミーティング」を使います。テストミーティングでできることは、Sec.09 で紹介したことと同じです。しかし、ミーティングの前に準備しておくとより安心です。

1 テストミーティングに参加する

 メモ ブラウザーから Zoomを開くには

Webブラウザーで「https://zoom.us/test」を開き、＜参加＞ボタンをクリックすると「Zoom Meetingsを開こうとしています」というダイアログが表示されます。ここで＜開く＞をクリックすると、Zoomクライアントアプリが起動します。

このサイトは、**Zoom Meetings** を開こうとしています。
https://zoom.us では、このアプリケーションを開くことを要求しています。
☐ zoom.us が、関連付けられたアプリでこの種類のリンクを開くことを常に許可する
　　　　　　　　　　　　　　　　　開く　　キャンセル

1 「https://zoom.us/test」にアクセスします。

2 ＜参加＞ボタンをクリックしてZoomを起動します。

3 「自分自身が見えますか?」と表示され、自分の顔が表示されたら＜はい＞をクリックします。

4 「着信音が聞こえますか?」と表示され、音が鳴ります。聞こえたら＜はい＞をクリックします。

5 次の画面では声を出してみます。その後、自分の声が聞こえたら＜はい＞をクリックします。

 メモ テストで 聞こえなかった場合

テストミーティングで音が聞こえなかったら＜いいえ＞をクリックするとスピーカーやマイクの切り替え画面が開きます。そこでマイクやスピーカーを切り替えて再度テストしてみてください。

6 テストが終わったので、＜テストを終了＞をクリックします。

Chapter 02

第2章

Zoomでミーティングに
参加しよう

Section 11 招待を受け取ってミーティングに参加しよう

参加者
ホスト

メールやメッセージでZoomミーティングの招待が届いたら、本文の中に記載されているURLをクリックするか、ミーティングIDとパスコードをメモし、Zoomクライアントアプリを開いてその文字を入力します。ここではURLをクリックしてZoomミーティングに参加する方法を説明します。

覚えておきたいキーワード
- ☑ URL
- ☑ ミーティングID
- ☑ パスコード

1 パソコンで受け取った招待メールでミーティングに参加する

 キーワード　URLとは

URLとは、WebブラウザーでWebページにアクセスする際に必要な文字列のこと。この例で言うと「https://」から始まる青い英字がURLになります。通常はURLをクリックするとWebページが開き手順2のダイアログが表示されます。

 メモ　ミーティングIDを使って参加する

招待メールの本文に書かれている「ミーティングID」と「パスコード」を使って参加する方法もあります。PCで受けた招待メールを見ながらスマートフォンのZoomアプリを使って参加する場合、そのほうが便利です。ミーティングIDを使って参加する方法は、Sec.32で説明していますので、参照してください。

1 メールやメッセージ本文に記載されたURLをクリックします。

開催中のZoomミーティングに参加してください

受信トレイ ×

Mica Inoue　16:05 (3分前)
To 自分

Zoomミーティングに参加する
https://us02web.zoom.us/j/89090914763?pwd=Q2VldmZSZG1KcHZwUUZlYnhaYUpiZz09

ミーティングID: 890 9091 4763
パスコード: 243210
ワンタップモバイル機器
+81363628317,,89090914763#,,,,,,0#,,243210# 日本
+81524564439,,89090914763#,,,,,,0#,,243210# 日本

所在地でダイアル
　+81 363 628 317 日本
　+81 524 564 439 日本

2 Webブラウザーが起動しこの画面が表示されたら、<開く>をクリックします。

https://us02web.zoom.us/j/89090914763?pwd=Q2VldmZSZG1KcHZwUUZlYnhaYUpiZ...

このサイトは、**Zoom Meetings** を開こうとしています。

https://us02web.zoom.us では、このアプリケーションを開くことを要求しています。

☐ us02web.zoom.us が、関連付けられたアプリでこの種類のリンクを開くことを常に許可する

開く　キャンセル

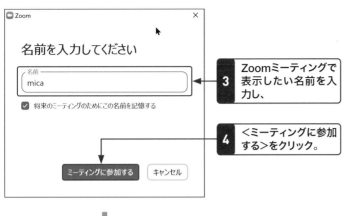

3 Zoomミーティングで表示したい名前を入力し、

4 ＜ミーティングに参加する＞をクリック。

5 ホストが参加を許可するまでの間、待機メッセージが表示されます。画面が変わったら＜ビデオ付きで参加＞をクリックします。

6 ミーティング画面が開き、ミーティングに参加することができました。

📖 **メモ** サインインしている場合は

すでにZoomクライアントアプリでサインインしている場合は、左の手順**3**のような画面は表示されず、直接手順**5**の画面が開きます。

💡 **ヒント** 顔を見せたくない時は

Zoomミーティングに参加する時、「顔を見せたくない」と思ったら、手順**5**の画面で＜ビデオなしで参加＞をクリックします。すると、Zoomミーティングが始まっても顔は映らず、黒い画面の上に自分の名前だけが表示されます。

🏃 **ステップアップ** 「開く」をクリックせずにZoomを開く方法

招待メールのURLをクリックした際に開く右の画面に＜us02web.zoom.usが、関連付けられたアプリでこの種類のリンクを開くことを常に許可する＞という文章とチェックボックスが表示されています。このチェックボックスにチェックを入れておくと、次回、メールのURLをクリックした際、＜開く＞をクリックしなくてもすぐにZoomクライアントアプリが開くようになります。

39

自分の映像や音声をオン／オフにしよう

Zoom ミーティングに参加している時、自分の映像を映したくなかったり、声を聞かれたくなかったりすることがあります。そういう時は、「ミュート」や「ビデオの停止」機能を使いましょう。ここでは、Zoom ミーティングに参加した後で映像や音声をオフにする方法を説明します。

1 音声をオフにする

🔑 キーワード **ミュート**

「ミュート」には「音を消す」という意味があります。Zoomの場合、こちら側の音声をオフにすることを「ミュート」と言います。家族が話していたり、外の騒音がうるさいと感じたりするような時は「ミュート」機能を使いましょう。

1 参加した後で音声をオフにするには、ミーティングコントロールの<ミュート>をクリックします。

2 音声がオフになりました。<ミュート解除>をクリックすると、また音声がオンになります。

📖 メモ **セミナーでは基本ミュートに**

オンラインでセミナーや発表会が開かれることがあります。その場合、スピーカーの話を邪魔しないように、参加者は基本的に音声をミュートにします。場合によっては、主催者側の設定でミュートになっている場合もあります。

2 映像をオフにする

1 参加した後で映像をオフにするには、画面左下の
<ビデオの停止>をクリックします。

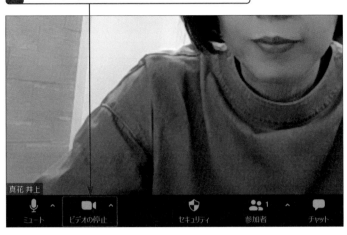

2 映像がオフになりました。<ビデオの開始>をクリックすると、
また映像がオンになります。

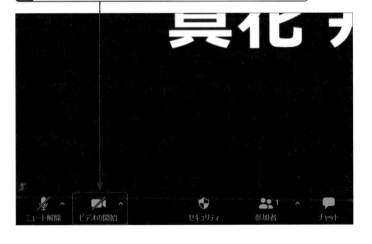

📖 **メモ** 席を外す時は

Zoomミーティングの途中で席を外したい時
は、念のため映像をオフにしておきましょう。
この時、同時に音声もオフにすることを忘れ
ずに。映像を消すだけだと、こちらの話し声
や生活音はそのまま流れてしまいます。

🏃 **ステップ
アップ** ミーティングに入る前にオフにするには

ミーティングに参加する前、右のような画面
が表示された時、<ビデオなしで参加>をク
リックすると、映像をオフにした状態で参加
することができます。Sec.09の設定画面に
ある「ビデオ」設定を使ってあらかじめビデオ
映像をオフにすることもできます。

―ティングに参加するときに常にビデオプレビューダイアログを表示します

ビデオ付きで参加 ビデオなしで参加

ミーティングで発言しよう

Zoomミーティングに参加していて発言したくなったら、マイクに向かって話をしましょう。Zoomクライアントアプリの画面では、話している人の外枠が緑色に変わったり、大きく表示されたりするので、今話しているのが誰なのかが一目でわかります。

第2章 Zoomでミーティングに参加しよう

1 ミーティングで発言する

📖✎メモ 発言時に自分の顔はどう映る？

Zoomには、「スピーカービュー」と「ギャラリービュー」という2通りの表示モード（ビデオレイアウト）があります。「スピーカービュー」は、今話している人が大きく映し出されるモードで、「ギャラリービュー」は、参加メンバーが同じサイズで複数表示されるモード。詳細については、Sec.15で説明していますので、そちらを参照してください。

1 ミーティングで発言する時は、左下の🎤を確認します。＜ミュート解除＞となっていたらクリックして＜ミュート＞に変え、発言します。

⬇

2 発言が終わったら、左下の🎤をクリックし、＜ミュート解除＞に戻します。

📖✎メモ 自分は大きく表示されない（スピーカービュー）

通常スピーカービューの場合、参加者のパソコン画面には話し手（スピーカー）が大きく映りますが、話し手自身のパソコン画面にはその本人の顔が大きく写ることはありません。ただし、ほかの参加者の画面には、話し手である「本人（あなた）」の顔が大きく写っています。

2 オーディオを調整する

 1 ミュートボタンの右の
∧をクリックし、

 2 メニューから＜オーディオ設定＞を
選択します。

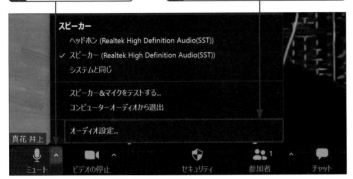

ヒント 「声が小さい」と
言われたら

Zoomミーティングで発言していると「声が小さい」と言われることがあります。その時は、**5**の画面を開き、＜自動で音量を調整＞のチェックを外した後、＜入力レベル＞をもう少し高くしてみてください。そうすると、音が大きく聞こえる場合もあります。

 3 オーディオ設定画面で＜スピーカーのテスト＞を
クリックし、聞こえる音を調整します。

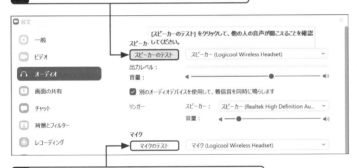

4 次に＜マイクのテスト＞をクリックし、声を出した後、
再生される音を聞いて音の大きさを確認します。

5 うまく音声が出ていない場合は、ここをクリック
してほかのマイクを試してみます。

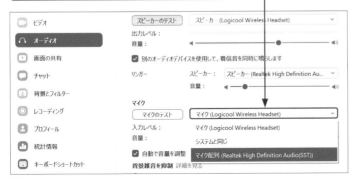

ヒント ほかのマイクが
表示されるのは

手順**5**でほかのマイクが表示されるのは、パソコンに外付けマイクが接続されている場合のみ。外付けカメラにマイク性能が備わっていることもあるので、念のため確認してみましょう。

Section 14 相手の発言にリアクションを送ろう

参加者 ホスト

覚えておきたいキーワード
- ☑ 反応
- ☑ リアクション
- ☑ 絵文字

Zoomミーティングでほかの人が話している時、拍手や「いいね！」を送りたくなることがあります。声を出さずに反応を示すには、「リアクション」を使います。リアクションの絵文字はいくつか種類があるので、その時に示したい気持ちに合った絵文字を使いましょう。

1 リアクションで拍手を送る

🔑 **キーワード** リアクション（反応）

ここでいう「リアクション（反応）」とは、誰かが話をしている時、その話を聞きながら「いいね!」や「好き」「おめでとう」などの感情を表現すること。SNSで共感できる投稿を見た時、投稿にハートマークや「いいね!」マークを付けることがありますが、それと同じです。

> **1** ミーティングコントロールの＜リアクション＞をクリックします。

> **2** 複数の絵文字が表示されるので、気持ちに合ったものを選んでクリックします。

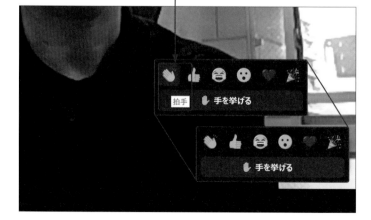

📖 **メモ** 選べる反応は1つだけ

リアクションを送る時、選べる絵文字は1つだけ。一度に2つの絵文字を送ることはできません。よく考えて、自分が表現したい気持ちに合った絵文字を1つ選びましょう。

2 表示されたリアクションを消すには

1 <リアクション>で選んだ絵文字が表示されました。

2 そのまま何もせずに5秒間待っていればリアクションの表示が消えます。

 **リアクションを
間違えた時は**

拍手を送るつもりだったのに、笑顔のリアクションを送ってしまった……。リアクションの絵文字を間違えた時は、すぐに正しいリアクションの絵文字をクリックしましょう。そうすると、後で送った絵文字に差し替えることができます。

**ステップ
アップ リアクションを使い分ける**

<リアクション>をクリックすると、6種類の絵文字が表示されます。発言している人の意見に対して賞賛する気持ちを伝えたい時は、左側にある「拍手」か「いいね!」の絵文字を使います。発言に感銘を受けたり、好きな話と感じた時は「ハート」の絵文字を使います。おもしろい話だと思ったらハートの右にある泣き笑いの絵文字を、話の内容に驚いた時はその右にある「びっくり顔」の絵文字を使います。お祝いの気持ちを伝えたい時は、一番右の「クラッカー」の絵文字を使います。

Section 15

参加者 / ホスト

表示方法を変えよう（ギャラリー／スピーカー）

覚えておきたいキーワード
- ☑ スピーカービュー
- ☑ ギャラリービュー
- ☑ 全画面表示

Zoomミーティングが始まると、参加者が表示されます。参加者を表示するモードは2つあり、1つは参加者がタイルのように並んで表示される「ギャラリービュー」、もう1つは発言者が大きく表示される「スピーカービュー」です。この2つのモードの違いと、切り替える方法を説明します。

1 ギャラリービューとスピーカービューの違いを知ろう

📝 メモ　表示名を見ればモードがわかる

右上にある＜表示＞の前に小さなアイコンが付いています。このアイコンは、それぞれのビューについてシンプルに示したもの。この形を見れば、今どの表示モードなのかが一目でわかります。下の画像の場合、左がギャラリービューで、右がスピーカービューです。

ギャラリービュー画面。複数の参加者を一覧画面で確認したい場合はこのモードが便利。

スピーカービュー画面。話している人をアップにしてみたい場合はこのモードが便利。ほかの参加者は、上に小さなアイコンで表示されます。

2 スピーカービューとギャラリービューを切り替える

1 画面上にマウスカーソルをおき、上下に操作メニューが表示されたら、右上にある＜表示＞をクリックします。

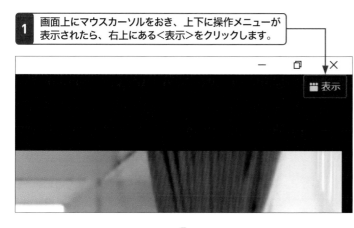

2 この画面が表示されたら、＜ギャラリービュー＞をクリックします。

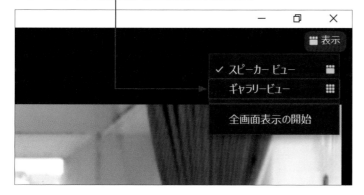

3 ギャラリービューに切り替わりました。スピーカービューに戻したい場合も同じ操作をします。

ヒント　**ギャラリービューで表示人数を増やしたい時は**

ギャラリービューに変えても一部の参加者しか表示されない場合は、＜全画面表示の開始＞をクリックしましょう。そうするとZoomクライアントアプリが全画面で表示され、ギャラリービューに表示される人数が増えます。

設定画面の＜ビデオ＞には、＜ギャラリービューで1画面に最多49人の参加者を表示する＞という項目があります。ここにチェックを入れておくと、49人まで表示されるようになります（ただしパソコンのCPUによって、この機能がサポートされていない場合もあります）。

メモ　**没入型シーンの場合、参加者は表示を変更できない**

画面表示には、2つのビューのほかに、ホストだけが設定できる没入型シーン（Immersive View）があります。こちらのビューでは、仮想背景上に参加者一同が配置されます。ホストが没入型シーンを設定している場合、参加者はスピーカービューやギャラリービューなどに切り替えることができません。

Section 16 チャット機能を使って会話をしよう

参加者 ホスト

覚えておきたいキーワード
- ☑ チャット
- ☑ ログ
- ☑ プライベートメッセージ

Zoomには、文字を使ってメッセージを送る機能があります。誰かが話している時、話を邪魔せずに自分の言いたいことを伝えたい場合は、チャットを使って発言しましょう。特定の参加者のみと話をしたい場合、プライベートメッセージも送れます。

1 チャットメッセージを送信する

🔑 キーワード チャットとは

チャットとは、オンラインでリアルタイムに複数の人がテキストを使って会話をするということ。LINEやメッセンジャーの会話もチャットです。Zoomの場合、誰かが話している時に質問を送ったり、音声はミュートになっているけれど発言したい場合に使われることが多いようです。

💡 ヒント プライベートメッセージを送るには

チャットで特定の相手だけにメッセージを送りたい時はプライベートメッセージを使います。チャットの入力画面上にある<全員>をクリックすると、参加者の名前リストが表示されるので、送りたい相手を選び、テキストを入力して[Enter]キーを押します。詳しい操作方法はSec.28で説明していますので、そちらを参照してください。

1 ミーティングコントロールの<チャット>をクリックします。

2 画面右枠にチャットボックスが表示されたら、下部の<ここにメッセージを入力します>というところに文字を入力し、終わったら[Enter]キーを押します。

2 チャットメッセージを読む

1 誰かがチャットを送ると、このように画面下に
チャットのテキストが表示されます。

↓

2 <チャット>アイコンをクリックすると、右枠にチャットボックスが
表示され、これまでのやりとりが確認できます。

ヒント　チャットを閉じるには

チャットを閉じたい時は、チャット画面左上に
ある∨マークをクリックし、<閉じる>をクリッ
クします。

ステップアップ　チャットを保存する

Zoomミーティングで会話したチャットログを保
存しておきたい場合は、右下の<…>という
アイコンをクリックし、<チャットの保存>をク
リック。すると、パソコンの「ドキュメント」フォ
ルダ内「Zoom」フォルダにチャットログテキス
トが保存されます。

チャットでファイルを送信しよう

Zoomミーティング中、参加者に資料を配布して説明したいという場面があります。そういう時は、あらかじめ資料を用意しておき、そのファイルを参加者全員に配布しましょう。Zoomミーティングのチャットを使えば、パソコンにあるファイルを指定して配布することができます。

1 Zoomでファイルを送信する

ヒント **ファイルが送信できない時は**

チャット画面でファイルを送信できない時には、ホストにZoomの設定を変更してもらう必要があります。Zoomのサイトで＜設定＞→＜ミーティング＞の順にクリックし、＜ファイルの送信＞という項目がオンになっているかどうかをホストに確認してもらい、オンになっていない場合はオンに変えるよう依頼します。

誰かが参加するときまたは退出するときに音声で通知

ファイル送信
ホストと参加者はミーティング内チャットを通してファイルを送信できます。☑

☐ 指定のファイルタイプのみを利用できます
☑

Zoomへのフィードバック
Windows設定またはMacシステム環境設定ダイアログにフィードバックタブを追加して、ユーザーがミーティングの最後にZoomにフィードバックを提供できるようにします

ミーティング終了後の体験フィードバック調査を表示します
各ミーティングの最後に、親指アップ（OK）／ダウン（NG）調査を表示します。参加者が親指ダウンの回答をした場合、その参加者は悪かった点に関する追加情報を提供できます。

1 ミーティングコントロールの＜チャット＞をクリックします。

kenta akiba

チャット　画面の共有　レコーディング　反応　退出

2 チャット画面が表示されたら＜ファイル＞をクリックします。

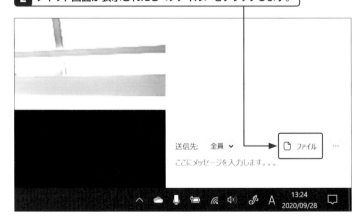

送信先：　全員 ∨　　　　　📄 ファイル　…
ここにメッセージを入力します。。。

13:24
2020/09/28

3 送信したいファイルがある場所を指定します。パソコン内にあるのであれば、<コンピュータ>をクリックします。

キーワード Dropbox や Google Drive も

ここではパソコンの中に保存されているファイルを送信していますが、Dropbox や Google Drive、OneDrive、Box などのオンラインストレージに保存されているファイルを送信することもできます。その場合、下記画面で該当するオンラインストレージサービスを選び、クリックします。

4 共有したいファイルを選択し、

5 <開く>をクリックするとファイルが送信されます。

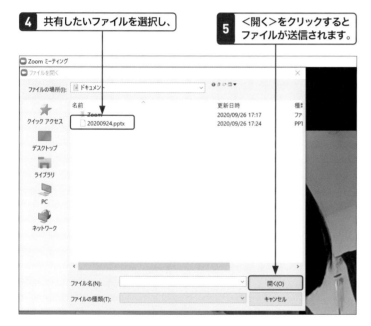

6 チャット画面にファイルが送信されました。このアイコンをクリックすると、ファイルがダウンロードできます。

ほかの参加者を招待しよう

覚えておきたいキーワード
- ☑ メール
- ☑ メッセンジャー
- ☑ SMS

Zoomミーティングの参加者は、自分が参加しているミーティングにほかの人を招待することができます。ただし、ほかの人を招待するにはメールやSMS、メッセンジャーを使って連絡する必要があるため、招待できるのは連絡先を知っている相手に限られます。

1 参加しているミーティング画面から招待する

📖メモ 招待を呼び出す ショートカットキー

Zoomミーティングに招待する画面は、右の手順で開くことができますが、キーボードで Alt + I キーを押すと招待画面が開きます。

1 ほかの人を招待するには、ミーティングコントロールの<参加者>の右にある▲をクリックします。

2 <招待>と表示されたら、クリックします。

📖メモ 参加者リストからも 招待可能

<参加者>をクリックすると、右枠に参加者一覧画面が表示されます。この一番下にある<招待>を使って招待することもできます。

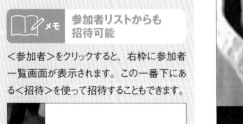

3 開いたウィンドウの＜メール＞タブをクリックし、いつも使っているメールを選んでクリックします。

4 メールが開いたら、招待したい人のメールアドレスを入力し、メールを送信します。

ヒント　メッセージサービスで招待する

LINEやメッセンジャーなどのメッセージサービスを使ってZoomミーティングに招待する場合、＜URLのコピー＞や＜招待のコピー＞をクリックします。クリップボードに必要な情報がコピーされるので、メッセージサービスを起動し、本文にペーストして送信します。

招待リンクをコピー　　招待のコピー

メモ　「招待リンクをコピー」と「招待をコピー」の違い

上の「ヒント」画面には＜招待リンクをコピー＞と＜招待をコピー＞という2つの項目が表示されています。＜招待リンクをコピー＞をクリックすると、Zoomミーティングのリンクがコピーされますが、＜招待をコピー＞をクリックすると、Zoomミーティングのリンクに加え、ミーティングIDとパスコードもコピーされます。

ステップアップ　招待された人の参加を許可する

招待を送り、その人がZoomミーティングに参加した場合、ホストの設定によっては待機室に送られることがあります。その時は、Zoomミーティングに参加できるようにホストに依頼して入室を許可してもらいましょう。入室を許可する方法は、Sec.23で説明しています。

Section 19 参加者 ホスト
ミーティングから退出しよう

覚えておきたいキーワード
☑ 退出する
☑ 終了する

Zoomミーティングが終わると、ホストがミーティングを終了すると同時に、参加者はミーティングから自動で退出します。しかしミーティングの途中で退出したくなった時は、自分で退出操作をしなければなりません。ここでは、自分で退出操作をする方法を説明します。

1 ミーティングから退出する

メモ 退出時には一言挨拶を

Zoomミーティングの途中で退出する際、退出する前にホストや参加者に一言挨拶をしておきましょう。誰かが話をしている場合は、声を出して話をすると邪魔してしまうことになります。そういう時は、Sec.16で説明した「チャット」を使って挨拶をしましょう。

1 ミーティングコントロールの<退出>をクリックします。

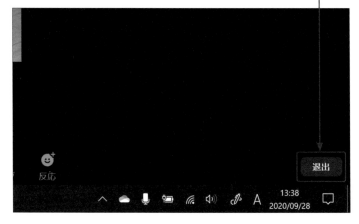

反応

退出

13:38
2020/09/28

メモ ミーティング画面を閉じても退出可能

クライアントアプリの右上にある「×」をクリックすると、<ミーティングを退出>と表示されるので、これをクリックすると退出できます。

閉じる
ミーティングを退出
キャンセル

2 <ミーティングを退出>をクリックします。

ミーティングを退出

キャンセル

13:38
2020/09/28

第2章 Zoomでミーティングに参加しよう

第3章

Zoomでミーティングを開こう

Section 20

参加者
ホスト

ミーティングを予約しよう

覚えておきたいキーワード
- ☑ スケジュール
- ☑ ミーティング URL
- ☑ パスコード

「○月○日に打ち合わせをしましょう」と決まった場合、その日時を指定して Zoom ミーティングを予約することができます。ミーティングを予約すると ミーティング URL やパスコードが発行されるので、事前に参加者に伝えてお きましょう。ここでは、ミーティングを予約する方法を説明します。

1 スケジュールに予約を入力する

📖✏ メモ アプリでスケジュール を確認

あらかじめミーティングを予約しておくと、ミー ティングが開催される当日、アプリ起動画面 で予約したミーティングの内容が確認できま す。

1 クライアントアプリを起動します。サインイン していない場合は<サインイン>します。

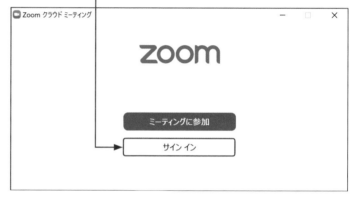

2 ホーム画面が開いたら<スケジュール>をクリックします。

3 ミーティングの名前や日時、時間など必要事項を入力し、最後に＜保存＞をクリックします。

4 スケジュールの情報が表示されたら、＜クリップボードにコピー＞をクリックし、参加者に通知しましょう。

メモ カレンダーに転記する

ミーティングを予約したら、忘れないようにカレンダーにも書いておきましょう。「ミーティングをスケジューリング」画面の＜カレンダー＞では＜Outlook＞や＜Googleカレンダー＞など、カレンダーサービスが選べます。いつも使っているカレンダーサービスをクリックすると、該当日にスケジュール内容がコピーされます。

ステップアップ Webサイトからスケジュールを作成する

ミーティングの予約は、ZoomのWebサイトから作成することもできます。スケジュールを作成するには、Zoomサイトにアクセスし、サインインした後、画面上にある＜ミーティングをスケジュールする＞をクリックします。すると、右図のスケジュール作成画面が開きます。

Section

21

参加者
ホスト

参加者を招待しよう

覚えておきたいキーワード
- ☑ **クリップボード**
- ☑ **ミーティングID**
- ☑ **パスコード**

Zoomミーティングを予約したら、次にミーティングに参加するメンバーを招待します。Zoomミーティングに参加するにはミーティングIDやパスコード、ミーティングのURLなどの情報が必要になります。参加するメンバーには、これらの情報をメールやメッセージで送っておきましょう。

1 クライアントアプリで招待情報を取得する

📝メモ **スケジュールから招待情報をコピーする**

あらかじめミーティングを予約しておくと、トップ画面の<スケジュール>に予定が表示されます。右の「…」をクリックすると<招待のコピー>という項目が表示されるので、クリック。これでミーティングに参加するために必要な情報がクリップボードにコピーされます。

1 Sec.20の手順**4**の画面で<クリップボードにコピー>をクリックすると、招待情報がクリップボードにコピーされます。

2 メーラーを開き、新規作成画面の本文にクリップボードの内容をペーストして参加メンバーにメールを送ります。

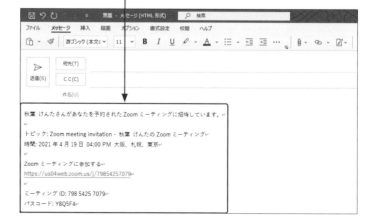

2 Zoom の Web サイトで招待情報を入手する

1 ZoomのWebサイトにアクセスし、サインインして＜ミーティング＞をクリック。招待したいミーティングをクリックします。

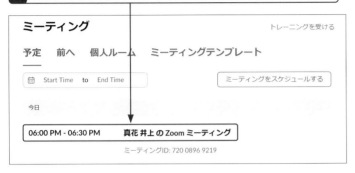

2 次の画面で＜Invite Link＞の右にある＜招待状のコピー＞をクリックします。

3 次の画面で＜ミーティングの招待状をコピー＞をクリックし、P.58の手順**2**でメールにペーストします。

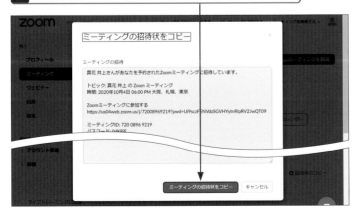

ヒント 招待状のコピーが長文だった場合

P.59の手順**2**で＜招待状のコピー＞をクリックし、メール本文にペーストすると、とても長い文章になってしまう場合があります。招待するのに必要なのは赤で囲んでいる部分、つまり「Zoomミーティングに参加する」の後のURLと、その後の「ミーティングID」「パスコード」のみで、ほかは必要ありません。このまま送ってもよいのですが、受け取った人がわかりやすいようにしたいのであれば、不要な部分はすべてメール本文から削除してしまいましょう。

59

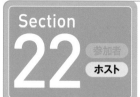

ミーティングを開始しよう

予定の日時がきたら予約したミーティングを開催しましょう。ミーティングを開始するには、Webページからミーティングを選んで開始する方法と、アプリから開始する方法があります。ここでは、2つの方法の操作手順について説明します。

1 ZoomのWebサイトからミーティングを開始する

ヒント **ミーティングは予約時間より早く始められる**

あらかじめスケジュールしたミーティングは、決めた時間より早かったり遅かったりしても、この手順ですぐに開始することができます。少し早めに入って準備したい場合は、時間より前でも<開始>をクリックしてミーティングを開きましょう。

1 WebブラウザーでZoomのサイトにアクセスし、<ミーティング>をクリック。

2 開始したいミーティングまでカーソルを移動し、

3 「開始」をクリックします。

4 「このサイトは、Zoom Meetingsを開こうとしています。」というダイアログが表示されたら<開く>をクリックします。

ヒント **定期ミーティングは固定IDが便利**

定期的に開くミーティングは、同じIDで入室できるようにしておくと、都度参加者に招待を送る手間がかかりません。固定IDを作成する方法についてはSec.42で解説しているので、そちらを参照してください。

2 クライアントアプリからミーティングを開始する

1 クライアントアプリのスケジュールの一覧から開始したいミーティングを選び、<開始>をクリックします。

2 ミーティングが開始されました。<コンピューターでオーディオに参加>をクリックします。

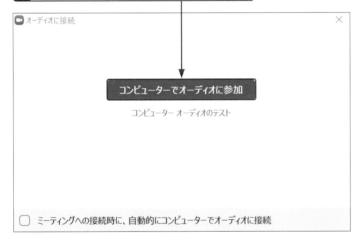

3 スケジュールされたミーティングが開始されます。

🔦 ヒント　映像をオフにする

ビデオなしでミーティングを始めたい場合は、トップ画面の<新規ミーティング>横にある〜をクリックし、<ビデオを開始する>のチェックボックスをクリックしてチェックを外しましょう。これで、ビデオなしで会議が始められます。

📝 メモ　ホストが設定できるビューには3種類ある

ミーティングが開始されると、画面に参加者が表示されます。この時ホストは46ページで紹介しているビュー以外に「没入型シーン」というビューを設定することができます。

待機室の参加者の入室を許可しよう

Zoomミーティングには、待機室が用意されています。ホストがミーティングの準備をしている間、参加者は待機室でミーティングの開催を待ちます。その後、入室を許可された参加者のみミーティングに参加できます。ここでは、待機室にいる参加者を確認し、入室を許可する手順を説明します。

1 待機室の参加者の入室を許可する

🔑 キーワード　待機室

待機室とは、Zoomミーティングの参加者がいったん待機する場所。ホストがミーティングルームへの入室をコントロールするために用意された機能です。

1 ミーティングコントロールの<参加者>をクリックし、参加者の一覧画面（参加者パネル）を開きます。

2 <待機室>の下に待機室で待っている参加者の名前が表示されるので、参加許可していいかどうか確認しクリックします。

📖 メモ　待機室は必要？

待機室を設定しておくと、ホストの好きなタイミングでミーティングを開催することができます。ホストとスタッフがミーティングの準備をしたい場合は待機室をセットしておきましょう。万が一、ミーティングに招待していないメンバーが参加しようとした場合も、待機室が有効です。その場合、手順❸の画面で<削除>をクリックするとミーティングへの参加を拒むことができます。詳しくは、Sec.50を参照してください。

3 入室を許可する場合は、名前の上にマウスカーソルを移動させ、その横にある<許可する>をクリックします。

4 待機室にいたメンバーがミーティングに参加することができます。

ヒント 入室を許可したくない時は

待機室にいるメンバーのミーティング参加を拒否したい場合、<許可する>の隣にある<削除>をクリックします。そうすると、その人は二度と同じミーティングに参加できなくなります。間違えて削除をクリックしてしまった場合は、いったんミーティングを終了し、再度別のミーティングを開いて参加してもらいましょう。

ステップアップ 待機室を使わない時は

待機室を使いたくない場合は、設定で待機室をオフにすることができます。ZoomのWebサイトやZoomクライアントアプリでZoomミーティングを予約する際、「Security」の<待機室>をオフにすると、参加者は待機室なしで入室することができるようになります。

ミーティングID	● 自動的に生成 ○ 個人ミーティングID 654 410 2863		
Security	☑ パスコード 🔒	yTHYe1	☑ 待機室
ビデオ	ホスト	○ オン ● オフ	
	参加者	○ オン ● オフ	

24

参加者
ホスト

ミーティングを録画しよう

Zoomミーティングで打ち合わせや会議を行う際、後で内容を確認できるように録画（レコーディング）しておきましょう。Zoomミーティングを録画すると、映像や音声データが保存されます。ここでは、パソコンに録画データを保存する方法を説明します。

第3章
Zoomでミーティングを開こう

1　ミーティングをレコーディングする

📖✍ メモ　**録画データをクラウドに保存**

パソコンのストレージ容量に余裕がない場合、録画データが増えると圧迫されてしまうかもしれません。有料のアカウントにアップグレードすれば、録画データをクラウドに保存できるようになります。

1 ミーティングコントロールの＜レコーディング＞をクリックします。

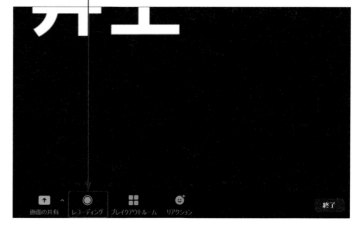

画面の共有　レコーディング　ブレイクアウトルーム　リアクション　　終了

2 画面左上に「レコーディングしています」と表示され、録画が始まります。

Zoom ミーティング

● レコーディングしています...　⏸ ⏹

💡 ヒント　**録画データを参加者に共有する**

録画したデータを参加者にも共有したい場合は、YouTubeやGoogleフォトなどのクラウドサービスを使うと便利ですが、その場合、部外者に見られないようにする工夫が必要です。たとえばYouTubeの場合は、公開条件を「限定公開」とし、URLを知っている人のみ閲覧できるようにしましょう。

2 レコーディングを一時停止する

1 ミーティングコントロールの<レコーディングを一時停止>ボタンを
クリックします。

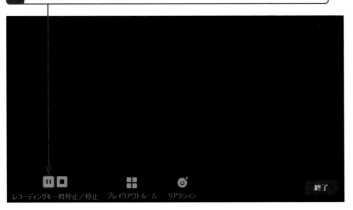

2 録画を再開するには、<レコーディングを再開>ボタンをクリックします。

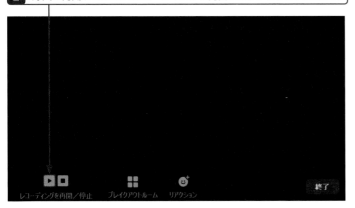

ヒント 音声データは 参加者ごとに保存

複数の参加者がいる場合、誰がどんな発言
をしたかわからなくなることがあります。有料
のアカウントにアップグレードすると、参加者
ごとに別々の録音データを作成することがで
きるようになります。

ヒント 録画した動画を 再生するには

Zoomで録画した動画を見るには、まずパソ
コンの中の「ドキュメント」フォルダの「Zoom」
フォルダを開きます。Zoomミーティングを開
いた日時がフォルダ名になっているので、そ
の中から見たいフォルダを開き、「zoom_0.
mp4」というファイルをクリックすると、ビデオ
再生アプリが起動し、動画が再生されます。

ステップ アップ 録画データの保存場所を変更する

録画データは、初期設定のままだと「ドキュメント」
の「Zoom」フォルダに保存されます。これを別の
フォルダに変えたい場合は、<設定>の<レコー
ディング>を開き、録画の保存場所をクリックして
変更します。

設定	
⚙ 一般	ローカルレコーディング
🎥 ビデオ	録画の保存場所: C:\Users\mica\Documents\Zoom 開く 変更
🎧 オーディオ	残り 92 GB です。
🖥 画面の共有	☐ ミーティング終了時のレコードされたファイルの場所を選択します
💬 チャット	☐ 各話者の音声トラックを録音する
👤 背景とフィルター	☐ サードパーティビデオエディター用に最適化する ⑦
☐ レコーディングにタイムスタンプを追加する ⑦	
⦿ レコーディング	☑ 画面共有時のビデオを録画する
☐ 録画中に共有された画面のとなりにビデオを移動してください	
👤 プロフィール	☐ 一時的なレコーディングファイルを保持 ⑦

画面を共有しよう

覚えておきたいキーワード
☑ 画面共有
☑ プレゼンテーション
☑ サムネイル

ミーティング中にパソコンで作成した資料やウェブサイトを参加者に見せたい時は、「画面共有」機能を使いましょう。画面共有の場合、画面を表示するだけでなく実際の操作も見せることができるので、プレゼンテーションなどで便利に使えます。

1 アプリやサービスの画面を共有する

🔑 キーワード 画面共有

Zoomミーティングの際、「パソコンに保存している資料を見せて」と言われることがあります。その時に使うのが、画面共有機能です。自分が見ている画面をほかの人にも共有するという意味で使われます。

📖 メモ 画面共有する前に

通常（「ベーシック」）の画面共有では、あらかじめ共有したい資料（アプリ）を開いて（起動して）おく必要があります。もし開いていなければ、手順②の一覧画面に表示されません。忘れずに開いておきましょう。

📖 メモ 「詳細」と「ファイル」

画面共有画面の右上に「詳細」「ファイル」というタブがあります。「詳細」は、パソコンで再生した音声をほかの参加者に聞かせたい時や、カメラの映像を参加者に共有したい時に使います。「ファイル」は、Dropboxや OneDrive などのクラウドサービスにあるファイルを共有したい時に使います。

📖 メモ 画面共有している状態から新しい画面を共有するには

画面共有している時に別の画面を共有したくなったら、いったん画面共有を止めて（P.67手順④）元の画面に戻り、改めて新しい画面を共有し直します。

1 ミーティングコントロールの＜画面の共有＞をクリックします。

2 アプリやデスクトップなどの一覧が表示されるので、共有したいサムネイルをクリックし、

3 ＜共有＞をクリックします。

3 画面が共有されました。この画面で操作すると、参加者はその様子を見ることができます。

4 共有を停止するには、画面上部にある＜共有の停止＞をクリックします。

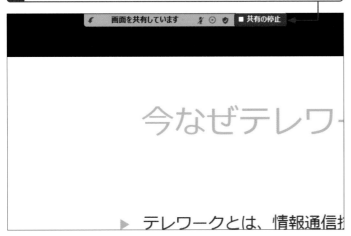

ヒント　トラブルを避けるために

画面共有する上でありがちなトラブルの1つが、違う画面を共有してしまうということ。たとえばウェブサイト画面を共有する際、間違えてGmail画面を開いているタブを共有してしまうと、個人的なメールや仕事のメールをほかの参加者に見られてしまうことになります。共有する前に、指定した画面で間違いないかどうか確認するようにしましょう。

ヒント　画面のみ共有したい場合は

Zoomミーティングで資料を見せる時、自分の顔は映さず、資料だけ表示したい場合は、ホーム画面で「画面の共有」をクリックし、ミーティングに参加します。その場合、共有を中止した時点でミーティングから退出することになります。

ステップアップ　資料と自分を同時に表示させるには

画面共有機能を使うと、必要な資料を見せながら説明することができて便利です。しかし、この方法だとホストの顔が見えなくなる場合もあるため、身振り手振りで説明したい場合にうまくいきません。顔を見せながら説明するには、Sec.38で紹介している方法が有効です。

26

参加者
ホスト

ホワイトボードを使って話をしよう

☑ ホワイトボード
☑ 画面の共有
☑ テキスト

Zoomミーティングを使って打ち合わせをする際、ホワイトボードに文字や絵を描きながら説明したい、あるいは絵を描きながら話したい場面があります。Zoomのホワイトボード機能を使えば、Zoomミーティングでホワイトボードを使うことが可能です。ここでは、ホワイトボード機能について説明します。

第3章 Zoomでミーティングを開こう

1 ホワイトボードを共有する

🔑 キーワード　ホワイトボード

ホワイトボードとは、会議や打ち合わせの際、文字や絵を描いて説明するのに使うツール。Zoomにはホワイトボード機能があり、これを使えば文字や絵を描きながら説明することができます。システムの概念や仕組みを説明する際にホワイトボードを使うと、参加者が理解しやすくなるかもしれません。

1 Sec.25を参考に<画面の共有>を開き、<ホワイトボード>をクリックし、

2 <共有>をクリックします。

📖✎ メモ　**画面共有で動画を流す時は**

画面共有で動画を流す際、同時に音声も共有したい場合は、「コンピューターの音声を共有」にチェックを入れます。動画を流すと、ぎこちなく再生されたり途切れたりすることがあります。これを避けるには、「全画面ビデオクリップ用に最適化」にチェックを入れます。

3 ホワイトボードが起動しました。

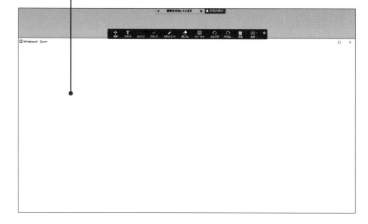

2 イラストや文字を書く

1 画面上部のメニューからツールを選び、図やスタンプを追加したり、テキストを追記したりします。

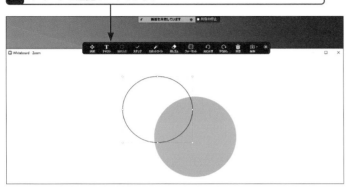

2 ホワイトボードの使用を終えるには、＜共有の停止＞をクリックします。

ヒント　今使っているツールを確認するには

ツールを使う際、今使っているツールが何かを確認するには、ツールバーの色を見ます。アイコンが青くなっているのが、今使っているツールです。

ステップアップ　メニューを使いこなす

画面上部にあるメニューを使うと、さまざまな操作ができるようになります。各メニューの機能は、以下の通り。

メニュー	機能	メニュー	機能
選択	イラストや文字を選択すると、移動できるようになる	フォーマット	図や文字の色を変えることができる
テキスト	文字が入力ができる	元に戻す	最後に行った操作をキャンセルして1つ前の状態に戻す
絵を描く	フリーハンドの線や図形を描くことができる	やり直し	「元に戻す」の操作をキャンセルし、最後の状態に戻す
スタンプ	スタンプを押すことができる	消去	ホワイトボードに描かれた絵や文字を消す
スポットライト	注目してほしい部分にポインターを置くことができる	保存	ホワイトボードの内容をファイルに保存する
消しゴム	イラストや文字を消すことができる		

参加者にも画面の共有を許可しよう

ミーティング中に資料やウェブサイトを参加者に見せたい時は、画面共有機能を使います。Sec.25 ではホストが画面を共有する操作を説明しましたが、ホストが許可すれば、参加者も同じ操作ができるようになります。ここでは、参加者に画面共有を許可する方法について説明します。

1 参加者に画面の共有を許可する

🔑 キーワード **「複数の参加者が同時に共有可能」とは**

手順**2**の画面に表示されたメニューのうち<複数の参加者が同時に共有可能>を選ぶと、一度に複数のメンバーが画面共有できるようになります。ただしシングルモニターの場合、一番最後に共有された画面のみが表示され、それ以外の画面を見たい場合は、共有画面上の<オプションを表示>をクリックし、<共有画面>で見たいメンバーの名前を選びます。

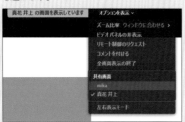

1 ミーティングコントロールの<画面の共有>の右にある⌃をクリックします。

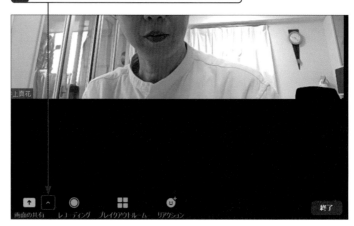

2 ポップアップウインドウから<複数の参加者が同時に共有可能>を選び、クリックします。

2 参加者の画面共有を制限する

1 ミーティングコントロールの＜画面の共有＞の
右にある■をクリックします。

2 ポップアップウインドウから＜同時に1名の参加者が共有可能＞を選び、
クリックします。

キーワード 「同時に1名の参加者
が共有可能」とは

手順**2**の画面に表示されたメニューのうち、
＜同時に1名の参加者が共有可能＞を選ぶ
と、共有できる人の人数が1人に限定され
ます。初期設定では、共有できる人はホスト
のみになります。

ヒント 共有された画面に
コメントを書き込む

共有された画面に、参加者がコメントを書き
込むことができます。画面上にある「オプショ
ン」をクリックするとコメントを書き込むツール
が選択できるので、好きなツールを選んで書
き込みます。

第

3

章

Zoom
で
ミ
ー
テ
ィ
ン
グ
を
開
こ
う

**ステップ
アップ** 「高度な共有オプション」を使う

参加者が画面共有する場合、P.70の操作で共
有できるようになりますが、もう少し細かく設定す
るのであれば＜高度な共有オプション＞を使いま
す。共有設定の右にある■をクリックし、＜高度
な共有オプション＞をクリックして開いた画面で＜
共有できるのは誰ですか?＞で＜全参加者＞にす
れば、誰でも共有できるようになりますが、同時
に共有できる画面は1画面のみとなります。同時
に2つの画面を共有したい場合は、＜複数の参
加者が同時に共有可能＞をクリックします。

高度な共有オプション...　　　　　　　　　　　　　×

同時に共有できる参加者は何名ですか?
● 同時に1名の参加者が共有可能
○ 複数の参加者が同時に共有可能 (デュアルモニターを推奨)

共有できるのは誰ですか?
○ ホストのみ ● 全参加者

他の人が共有している場合に共有を開始できるのは誰ですか?
○ ホストのみ ● 全参加者

チャットで参加者に
メッセージを送ろう

参加者の中の1人にメッセージを送りたい場合は、チャットを使ってメッセージを送りましょう。送信先を＜全員＞から特定の人に変更すれば、1対1で話ができるようになります。ここでは、チャットを使って個人にメッセージを送る方法について説明します。

1　チャットを使って参加者にメッセージを送る

🔑 キーワード　**チャット**

「チャット(Chat)」の意味は「おしゃべり」。オンラインでリアルタイムに会話するためのサービスとして提供されており、代表的なサービスとしてLINEのメッセージやSNSのDM(ダイレクトメッセージ)があります。

1 ミーティングコントロールの＜チャット＞をクリックし、チャットボックスを開きます。

2 チャットボックスが開いたら、「送信先」の隣にある＜全員＞をクリックします。

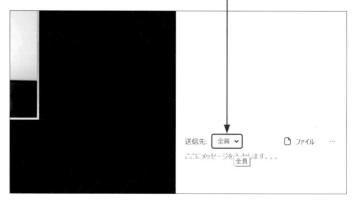

 メモ　**個人にメッセージを送る時のマナー**

Zoomのチャット機能を使えば1対1で話をすることができますが、基本的にはすでに知っている相手にのみ使うようにしてください。Zoomミーティングで初めて会った人に対し、いきなり個人向けメッセージを送るのはマナー違反になります。ただし、ミーティング中に「チャットで教えて」というような会話があり、双方の合意がある状態であれば、個人宛にメッセージを送ってもマナー違反にはなりません。

3 表示された一覧から名前を探し、送信相手をクリックし選択します。

この方法で個人宛に連絡する際、エンターキーを押してメッセージを送る前に、再度宛先を確認しておきましょう。そうすれば、間違えて「全員」に送ってしまったり、別の相手に送ってしまったりといったトラブルを回避することができます。

4 その下のスペースに、送りたい
メッセージの本文を入力します。

5 入力後、Enter キーを押すと、入力した本文が相手に送られます。

ステップ
アップ **好きな場所にチャットボックスを配置する**

チャットボックスは、通常、ミーティング画面の隣に開きます。チャットボックスをほかの場所に移動したい時は、チャットボックス左上にある∨をクリックし、表示されたメニューの中から＜飛び出る＞をクリック。すると、チャットボックスの位置を自由に動かせるようになります。

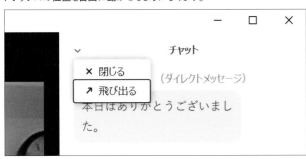

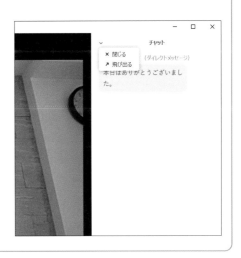

チャットボックスで
ファイルを送ろう

覚えておきたいキーワード
☑ **チャット**
☑ **ファイル**
☑ **クラウドサービス**

Zoomミーティング中にプレゼン資料などを送付する際、チャットのファイル機能を使います。ファイル機能を使って送付できるファイルは、使用しているパソコンか、DropboxやOneDriveなどクラウドサービス上に保存されている必要があります。ここでは、ファイルを送る方法について説明します。

第
3
章

Zoomでミーティングを開こう

1 チャット画面でファイルを送る

🔑 キーワード　**クラウドサービス**

クラウドとは、インターネット上に用意されたデータを置く倉庫のようなもの。クラウドサービスは、ユーザーがその倉庫にファイルを保存したり、必要に応じてダウンロードしたりするために提供されているサービスです。代表的なものに、DropboxやOneDrive、Google Driveなどがあります。

1 Sec.28の手順**1**に従ってチャットボックスを開き、＜ファイル＞をクリックします。

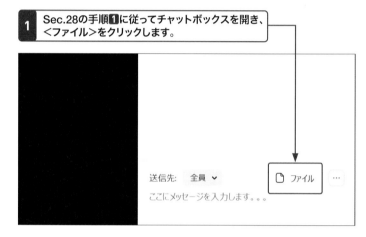

2 リストが開いたら、ファイルがある場所を指定します。ここでは、パソコンにあるファイルを送るので＜コンピュータ＞をクリックします。

3 送付したいファイルの
保存場所を開き、

4 送りたいファイルを
選びクリックして、

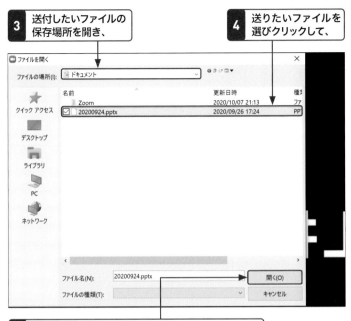

5 <開く>をクリックすると、ファイルが送信されます。

6 送信されたファイルが、チャット画面に表示されます。

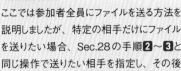

ここでは参加者全員にファイルを送る方法を
説明しましたが、特定の相手だけにファイル
を送りたい場合、Sec.28の手順**2**～**3**と
同じ操作で送りたい相手を指定し、その後
はSec.29の手順**1**以降の操作をします。

**ステップ
アップ** 受けとったファイルをダウンロードするには

チャットを使って送付されたファイルをダウンロードするには、
チャット画面の中に表示されているファイルアイコンの下の
<ダウンロード>をクリックします。ダウンロードが終わったら、
<ファインダーを開く>というダイアログが表示されるので、
それをクリックするとファイルが保存されているファインダーが
開きます。

字幕を表示しよう

覚えておきたいキーワード
☑ 字幕
☑ キャプション
☑ トランスクリプト

参加者の中にオーディオ機能が使えないユーザーや聴覚障害者がいる場合、字幕機能を使うと便利です。字幕機能を使うには、ZoomのWebサイトで設定を変更しておく必要があります。なお、参加者が字幕を見る場合、参加者側も操作が必要です。ここでは、その設定について説明します。

1 字幕機能が使えるように設定を変える

メモ 字幕機能に対してオンにする

手順**3**の操作をすると、下図のような確認のダイアログが開きます。字幕機能をオンにすると、その下にある<キャプションを保存>という項目が設定できるようになるため、このようなメッセージが表示されます。字幕機能を使うには<オンにする>をクリックしますが、もし<キャプションの保存>も必要であれば、設定画面に戻って<キャプションの保存>もオンにします。

"字幕機能"に対してオンにする

次の設定はこの設定に依存するため、この設定を変更すると次の設定も同様に変更されます。
• キャプションを保存

[オンにする] [キャンセル]

1 Zoomのウェブサイト（https://us02web.zoom.us/）を開き、サインインし<設定>をクリックします。

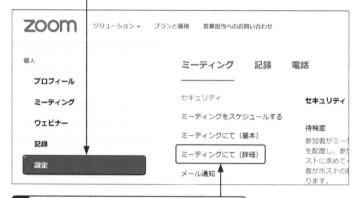

2 <ミーティングにて（詳細）>をクリックします。

3 <字幕機能>のスイッチをオンにすると、字幕機能が使えるようになります。

セキュリティ	ホストはミーティング参加者を別々に小さいルームに分けることができます
ミーティングをスケジュールする	
ミーティングにて（基本）	リモートサポート
ミーティングにて（詳細）	ミーティングホストは、1対1の遠隔サポートをもう一方の参加者に提供することができます
メール通知	
その他	字幕機能
	ホストが字幕をタイプしたり、参加者/第三者デバイスに字幕追加を割り当てたりすることができる
	キャプションを保存
	参加者がクローズドキャプションやトランスクリプトを保存することを許可する

2 字幕を入力する

1 ホストのみミーティングコントロールに＜字幕＞アイコンが表示されるので、クリックします。

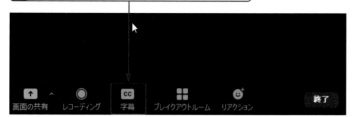

2 「入力する人」を指定するウィンドウが開くので、「入力する人」を選び、クリックします。＜参加者をタイプに割り当てる＞をクリックすると参加者管理画面が開くので、＜詳細＞をクリックし、＜字幕入力の割り当て＞をクリックします。

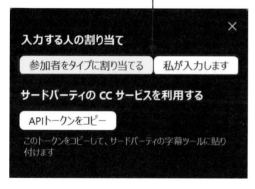

3 入力を担当するメンバーの画面に、字幕入力用のウィンドウが開くので、文字を入力し、Enterキーを押します。すると、画面上にタイプした文字が表示されます。

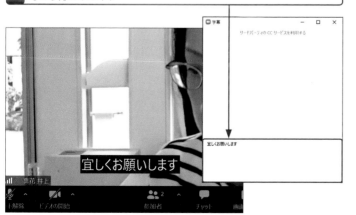

ヒント 字幕を見るには

ホストが字幕を設定すると、参加者の画面にも「字幕」というアイコンが表示されます。字幕を利用したい場合は、そのアイコンをクリックし、＜サブタイトルを表示＞か＜フルトランスクリプトを表示＞のどちらかを選びます。なお、ホストが＜キャプションを保存＞設定をオンにしている場合、トランスクリプトウインドウの下にある＜トランスクリプトを保存＞をクリックすると、字幕をテキストデータとして保存することができます。

Section 31
参加者
ホスト

ミーティングを終了しよう

覚えておきたいキーワード
- ☑ 退出
- ☑ 終了
- ☑ ホスト

Zoomミーティングが終わったら、ホストはミーティングを終了します。ホストがミーティングを終了すると、自動的に参加者は全員退出となります。なお、参加者が終了前に退出する方法はSec.19で説明していますので、そちらを参照してください。

1 ミーティングを終了する

メモ　自分だけ退出したい場合

ホストはミーティングを退出したいけど、他のメンバーはミーティングを続けたいという場合は、**2**の画面で＜ミーティングを退出＞をクリックします。すると、ホストを別の参加者に割り当てる画面が表示されるので、その中から次のホストを選び、指定します。

1 ミーティングコントロールの＜終了＞をクリックします。

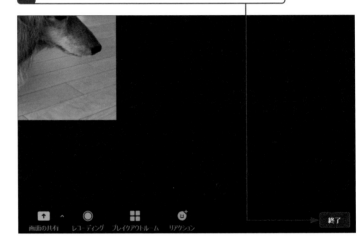

2 ＜全員に対してミーティングを終了＞をクリックすると、ウィンドウが閉じ、ミーティングが終わります。

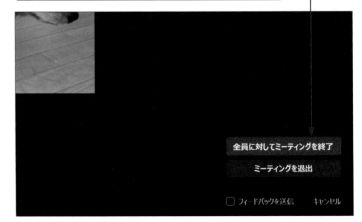

Chapter 04

第4章

もっとZoomを使いこなすための設定を知ろう

パーソナルミーティングID でミーティングを開こう

Zoomにはユーザーごとに割り当てられている「パーソナルミーティングID」（個人ミーティングID：PMI）という番号があります。「パーソナルミーティングID」を使えば、招待URLやミーティングIDを使わず、いつも同じIDですぐにミーティングを実施できます。テレビ電話のようにZoomを利用可能です。

1 PMIでミーティングに参加する

🔑 キーワード
パーソナル ミーティングID

「パーソナルミーティングID」とは、Zoomユーザーごとに割り当てられている個別の番号のこと。このパーソナルミーティングIDを指定することで、特定の相手とコミュニケーションできます。無償プランではパーソナルミーティングIDを変更できませんが、有償プランであれば変更できます。

「スタートボタン」から「Zoom」アプリを起動します。

1 クライアントアプリを起動して、

2 ＜ミーティングに参加＞をクリックします。

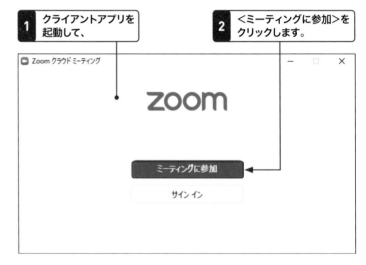

3 相手の＜パーソナルミーティングID＞を入力し、

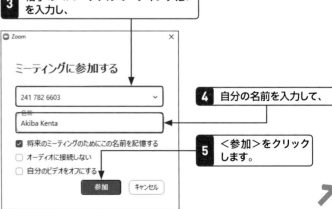

4 自分の名前を入力して、

5 ＜参加＞をクリックします。

📖 メモ
名前を記憶する

＜将来のミーティングのためにこの名前を記憶する＞のチェックを入れておくと、次回Zoomのミーティングに参加した時も、登録した名前が自動的に入力されます。

6 ＜パスコード＞を入力します。

7 ＜ミーティングに参加する＞をクリックします。

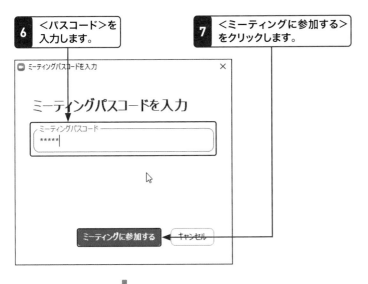

ミーティングパスコードを入力

ミーティングパスコードを入力

┌ミーティングパスコード─┐
*****

ミーティングに参加する　キャンセル

8 パーソナルミーティングルームの待機室に入ることができました。

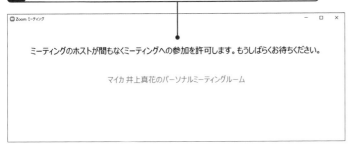

Zoom ミーティング

ミーティングのホストが間もなくミーティングへの参加を許可します。もうしばらくお待ちください。

マイカ 井上真花のパーソナルミーティングルーム

9 しばらく待っていると、ミーティングが開始されます。

どのようにオーディオ会議に参加しますか？

電話で参加　コンピューターオーディオ

コンピューターでオーディオに参加

コンピューター オーディオのテスト

☐ ミーティングへの接続時に、自動的にコンピューターでオーディオに接続

 ヒント 主催者にはメールが届く

参加者がミーティングIDを使ってミーティングに参加すると、ホストには「参加者がいる」という通知がメールで届きます。そのメールに記載されているリンクをクリックすると、ミーティングが始まります。

📖 **メモ** 映像を表示させるには

手順**9**では、ビデオがオフになっています。この状態でも会議に参加できますが（音声のみ）、＜ビデオを開始＞をクリックすると映像が表示されます。

ヒント パスコードを設定する

パーソナルミーティングIDのパスコードを設定／変更することができます。Zoomのホーム画面から「新規ミーティング」アイコンの右にある▼をクリックし、＜個人ミーティング番号＞をクリック。＜PMI設定＞をクリックし「個人ミーティングID設定」画面を表示します。そこで＜パスコード＞のチェックを入れ、変更したいパスコードを入力し＜保存＞をクリックします。

プロフィールを編集しよう

Zoomのプロフィールには、名前や電子メールアドレスなどのユーザー情報を登録することができます。企業やグループでZoomを使っている場合、名前や部署、役職などを他のメンバーに表示しておくと便利です。ここでは、プロフィールを編集する方法を説明します。

1 Zoomのサイトでプロフィールを編集する

📖✏メモ **クライアントアプリからプロフィールを開く**

クライアントアプリのホーム画面の右上にあるプロフィールアイコンをクリックし、<自分の画像を変更>または<自分のプロファイル>をクリックすると、クライアントアプリからZoomサイトのプロフィール画面を開くことができます。

1 ブラウザーでZoomのサイト（https://zoom.us）にアクセスします。

2 サインインをクリックします。

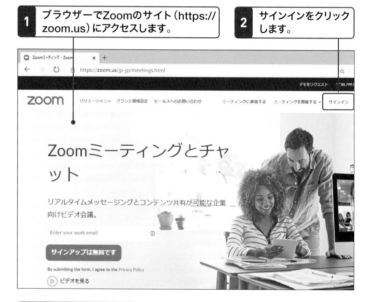

3 メールアドレスとパスワードを入力し、

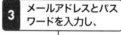

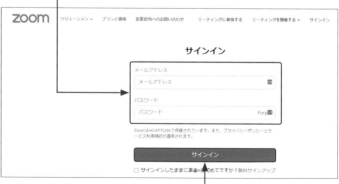

4 <サインイン>をクリックします。

5 <プロフィール>をクリックします。

6 プロフィール画面が開きます。

7 名前の横にある<編集>をクリックします。

8 名前や会社名などを入力し、

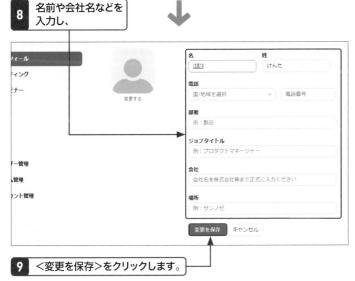

9 <変更を保存>をクリックします。

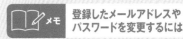

メモ　登録したメールアドレスやパスワードを変更するには

手順**6**の画面で「サインイン用メールアドレス」の<編集>を選択すると、サインインするために必要なメールアドレスとパスワードを変更できます。

ヒント　写真も追加できる

Zoomは、プロフィールに写真やイラストを追加できます。顔写真や似顔絵などをプロフィール画像として登録するといいでしょう。

Section 34 参加者 ホスト
アカウントを切り替えよう

覚えておきたいキーワード
☑ アカウント
☑ サインイン
☑ サインアウト

Zoomでは複数のアカウントがある場合、それらを切り替えることができます。個人用／仕事用のように複数のアカウントを登録しておくことで用途に合わせてZoomを使用できます。なお、アカウントを切り替える際には、Sec.05を参考にあらかじめアカウントを登録しておきましょう。

1 アカウントを切り替える

🔑 キーワード **アカウント**

アカウントとは、Zoomをはじめとしたシステムやサービスにサインインするための権利のこと（Sec.05を参照）。

第4章 もっとZoomを使いこなすための設定を知ろう

💡 ヒント **SNSアカウントでもサインインできる**

GoogleやFacebookのアカウントがある場合、P.85の手順4でそれらを使ってZoomにサインインすることもできます。

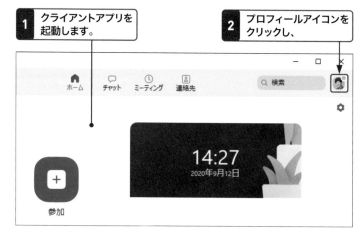

1 クライアントアプリを起動します。

2 プロフィールアイコンをクリックし、

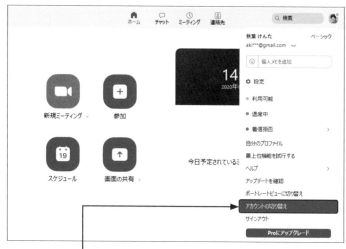

3 ＜アカウントの切り替え＞をクリックします。

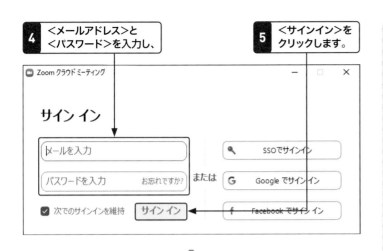

4 <メールアドレス>と
<パスワード>を入力し、

5 <サインイン>を
クリックします。

サイン イン

| メールを入力 |
| パスワードを入力　お忘れですか? |

または

🔑 SSOでサイン イン
G　Google でサイン イン
f　Facebook でサイン イン

☑ 次でのサインインを維持　サイン イン

6 ユーザーが切り替わりました。

📖✍ メモ　「SSOでサインイン」
について

学校や会社などでZoomを使っている場合、学校や会社の認証情報を使ってZoomにサインインすることもできます。設定や使い方などは、学校や会社の情報システム部門に問い合わせてください。

🏃ステップ
アップ　**うまく切り替わらない時は<サインアウト>してみよう**

この手順でうまくアカウントが切り替わらない場合があります。もしSNSアカウントを使っている場合、切り替えたいアカウントであらかじめSNSにサインインしておくことで、切り替えられる場合があります。

それでも切り替わらない場合、手順**3**の画面で<サインアウト>をクリックし、Zoomからサインアウトした後、再度Zoomのクライアントアプリからサインインすると、そのアカウントでサインインできます。

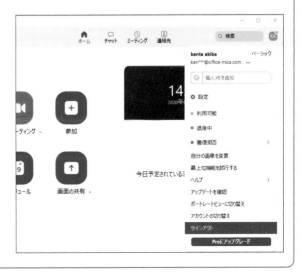

Section
35

参加者
ホスト

連絡先を追加しよう

覚えておきたいキーワード
- ☑ 連絡先
- ☑ Zoom アカウント
- ☑ チャット

Zoomでは、Zoomアカウントを取得しているユーザーを管理できる「連絡先」機能があります。連絡先に登録しておけば、すぐにミーティングを開始できたり、チャットを使って画像やファイルを共有したりできるようになります。よくやりとりするユーザーは連絡先に追加しておくといいでしょう。

---

1 連絡先を追加を依頼する

🔑 **キーワード** 連絡先

連絡先があれば、その連絡先の相手に対してすぐにインスタントミーティングを開始することができます。会社で使う場合、プロジェクトメンバーなどを追加しておくと便利です。

第4章 もっとZoomを使いこなすための設定を知ろう

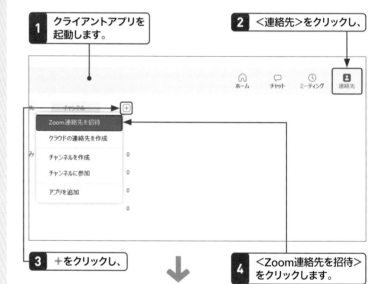

1 クライアントアプリを起動します。

2 <連絡先>をクリックし、

- Zoom連絡先を招待
- クラウドの連絡先を作成
- チャンネルを作成
- チャンネルに参加
- アプリを追加

3 ＋をクリックし、

4 <Zoom連絡先を招待>をクリックします。

5 Zoomのアカウントで使用されているメールアドレスを入力し、

💡 **ヒント** ビジネスチャットとして
Zoomを使う

Zoomの<チャット>機能を使えば、コミュニケーションやファイルの共有が可能になります。リモートワークを実施している企業のビジネスチャットツールとして使ってもいいでしょう。

Zoomに招待

メールアドレス

micanbox@gmail.com

このユーザーがあなたのリクエストを受け入れると、あなたのプロフィール情報（ステータスを含む）がこの連絡先に表示されます。このほか、この連絡先とのミーティングとチャットも行うことができます。

招待 | キャンセル

6 <招待>をクリックし、連絡先の追加を依頼します。

7 連絡先のリクエストが送られます。宛先などを確認したら＜OK＞をクリックします。

 ヒント 連絡先のリクエストを承認する

連絡先の追加をリクエストしたユーザーの＜チャット＞画面に「連絡先リクエスト」がある旨、表示されます。ユーザーが連絡先リクエストを「承認」することで、連絡先に追加されます。

8 ＜チャット＞をクリックし、

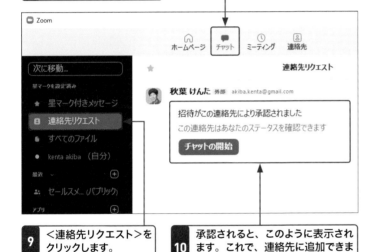

9 ＜連絡先リクエスト＞をクリックします。

10 承認されると、このように表示されます。これで、連絡先に追加できました。

 ヒント 連絡先の追加を承認しないと…

連絡先の追加を承認しないと、相手の連絡先に追加されません。知らない人からの追加のリクエストは承認しないようにしましょう。

ステップアップ 連絡先を削除する

連絡先はZoomのホーム画面から＜連絡先＞をクリックすると表示されます。連絡先に追加されたユーザーには、チャットで連絡したり、すぐにミーティングを開催したりできます。連絡先から削除する場合、削除したいユーザーを選び、…をクリックしサブメニューを表示。サブメニューから＜連絡先の削除＞をクリックします。

Section 36

参加者
ホスト

参加中に名前を変更してみよう

覚えておきたいキーワード
☑ 名前
☑ 参加者
☑ 表示名

Zoomミーティングでは、ミーティング参加者の名前を変更できます。Zoomミーティングで表示されている名前と、ミーティング参加者の名前が異なる場合には、変更しましょう。なお、ホストは同様の操作で参加者の名前を変更することもできます。必要に応じて変更しましょう。

1 自分の名前を変更する

📖 メモ ミーティング参加時にも名前を変更できる

Zoomにサインインせずにミーティングに参加する場合、ミーティング参加時に名前を入力できます。Sec.11の手順**3**で、表示名を設定しましょう。

1 Zoomでミーティングに参加（開催）します。

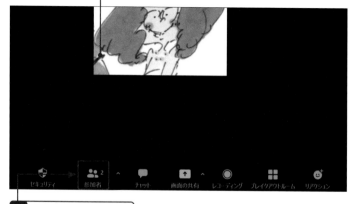

2 <参加者>をクリックします。

3 参加者パネルが開きます。

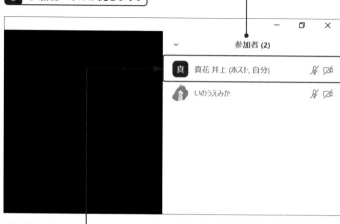

参加者 (2)

真 真花 井上 (ホスト, 自分)

いのうえみか

💡 ヒント ホストは参加者の名前を変更可能

このセクションでは、参加者が自分の名前を変更する手順を紹介していますが、ホストは参加者の名前を変更する権限を持っているため、参加者が自分で変えられない場合、ホストに依頼して変えてもらうこともできます。

4 自分の名前をマウスカーソルで選択します。

第4章 もっとZoomを使いこなすための設定を知ろう

5 <詳細>をクリックし、

参加者 (2)

真 真 (ホスト, 自分)　ミュート解除　詳細 >

いのうえみか

6 <名前の変更>をクリックします。

参加者 (2)

真 真 (ホスト, 自分)　プロファイル画像を追加
　　　　　　　　　　　名前の変更

いのうえみか

7 新しいスクリーンネームを入力し、

名前の変更　　　　　　　　　　×

新規スクリーンネームを入力してください:

Mica Inoue

OK　　キャンセル

8 <OK>をクリックします。

💡ヒント　「役割」を表示名に
入れる

オンラインイベントなどでは名前に「スタッフ：
●●」というように役割も追加しておくといい
でしょう。説明や質問を受け付ける際にも参
加者が誰に質問していいのかわかりやすくな
ります。

📖✏メモ　参加者画面は分離可能

参加者画面はミーティング画面の横に表示
されます。参加者画面の左上にある∨をク
リックし、<飛び出す>を選ぶと、ミーティン
グ画面と参加者画面を分離できます。

バーチャル背景（仮想背景）を設定しよう

Zoom では、背景として写り込んでしまう部屋の様子などを見せたくない場合、映像や静止画を仮想的な背景として設定できます。この機能は、「バーチャル背景」や「仮想背景」と呼ばれます。スペックが低いパソコンでは、バーチャル背景を使うためにグリーンスクリーンが必要になる場合があります。

1 背景を変更する

🔑 キーワード **バーチャル背景とは**

任意の静止画や動画を背景として設定できます。バーチャル背景を使うには高速なパソコンが必要になる場合があります。

🔑 キーワード **グリーンスクリーンとは**

グリーンスクリーンとは、緑色の背景のこと。背景と被写体をきれいに合成する時に使います。

🔑 キーワード **マイビデオミラーリング**

Zoomに表示される自分自身の映像を鏡像表示に切り替えること。マイビデオミラーリングがオンでも、他の参加者には正像で表示されます。

1 Zoomのクライアントアプリを起動して、

2 ⚙をクリックします。

3 ＜背景とフィルター＞をクリックし、

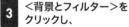

4 仮想背景を選択します。

2 背景を追加する

1 手順**3**の画面を開き、＋をクリックします。

2 ＜画像を追加＞または＜動画を追加＞をクリックします。

3 背景にする画像を選び、

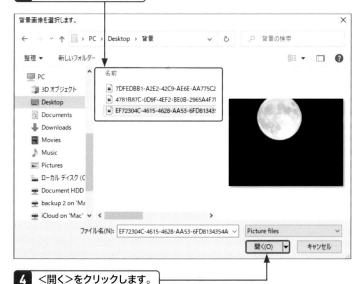

4 ＜開く＞をクリックします。

パワポの画面を
バーチャル背景にしよう

プレゼンテーションを行う際、PowerPointのスライド画面と登壇者の両方を映したい場合があります。Zoomでは、PowerPointの画面をバーチャル背景にすることで、登壇者とプレゼンファイルの両方を表示できます。なお、この機能はベータ版として提供されています。

1 画面の共有を使って PowerPoint を背景にする

ヒント 参加者が画面を共有するには

参加者が「画面の共有」ができない場合、ホストに参加者の画面の共有を許可してもらいましょう（Sec.27参照）。

1 Zoomでミーティングに参加（開催）します。

2 ＜画面の共有＞をクリックし、

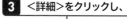

参加者　チャット　画面の共有　レコーディング　ブレイクアウトルーム　リアクション

3 ＜詳細＞をクリックし、

共有するウィンドウまたはアプリケーションの選択

ベーシック　**詳細**　ファイル

BETA

バーチャル背景としてのPowerPoint　　　画面の部分　　　コンピューターの音声の

キーワード BETA（ベータ）

＜バーチャル背景としてのPowerPoint＞は、ベータ機能として提供されています。ベータとは本格的に採用する前にテストしている機能のこと。正式に実装された機能とは違い、今後なくなることもあるので注意しましょう。

4 ＜バーチャル背景としてのPowerPoint＞をクリックし選択します。

5 <共有>をクリックします。

6 <ファイルを開く>ダイアログが
開くので、目的の場所に移動し、

7 バーチャル背景にするPowerPoint
ファイルを選択し、

8 <開く>をクリックします。

9 PowerPointがバーチャル
背景になりました。

メモ パワポが選択できない時は

パソコンにPowerPointがインストールされていないと、この機能が使えません。この機能を使う前に、PowerPointをインストールしておきましょう。

なお<詳細>タブでは、画面の一部分を共有したり、音声のみの共有ができたり、<ファイル>タブでは、クラウドストレージに保存しているファイルを共有したりすることができます。

メモ スライドのページをめくる

スライドが複数ページある場合、画面下部にあるアイコンをクリックすることでページを送ることができます。

スポットライトビデオで参加者の1人を大きく映そう

覚えておきたいキーワード
- ☑ スピーカービュー
- ☑ スポットライトビデオ
- ☑ ギャラリービュー

Zoom ミーティングの初期設定では、話しているメンバーが画面に大きく映されるスピーカービューが有効になっています。3人以上が参加しているミーティング中に誰かに注目してほしい場合にはスポットライトビデオを使い、任意の人物を大きく映すといいでしょう。

1 スポットライトビデオを有効にする

ヒント　ビューを切り替える

スポットライトビデオが有効な場合でも、参加者が「ギャラリービュー」や「スピーカービュー」に切り替えることができます。好きな表示方法でミーティングに参加しましょう。

メモ　スポットライトビデオは3人以上の参加者が必須

スポットライトビデオは3人以上の参加者がいるミーティングやウェビナーで有効な機能です。2人のミーティングでは、使用することができません。

メモ　参加者は画像を「固定」できる

参加者はスポットライトビデオを指定できませんが、任意の参加者の画像をメインの画像として<ピン>で「固定」し、表示できます。登壇者の表情を見たい時などに便利な機能です。ホスト側でスポットライトビデオが指定されていても参加者は任意の参加者の画像を指定できます。

1 Zoomでミーティングを開催します。

2 大きく映したい参加者枠右上の■■をクリックし、

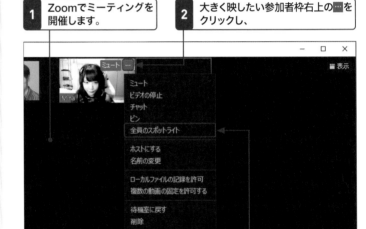

3 <全員のスポットライト>をクリックします。

4 すべての参加者画面に、スポットライトビデオとして選択した参加者が大きく映ります。

Chapter 05

第5章

ミーティングを円滑に進める ための設定をしよう

インスタントミーティングを開こう

覚えておきたいキーワード
- ☑ インスタントミーティング
- ☑ スケジュール
- ☑ ミーティング ID

Zoomには、いますぐミーティングを開始できる「インスタントミーティング」機能があります。急にミーティングを開催しなければならない時は、このインスタントミーティングを使いましょう。ここでは、今すぐミーティングを開始する方法を紹介します。

1 インスタントミーティングを開始する

🔑 キーワード インスタントミーティング

Zoomでは、「いますぐ会う」ことをインスタントミーティングといいます。迅速に情報を共有したい時は、インスタントミーティングを活用するといいでしょう。

💡 ヒント <チャット>画面から開催する

<チャット>画面の「チャンネル」メンバーとインスタントミーティングを開催することもできます。チャットではコミュニケーションが難しい場合に、インスタントミーティングを開催するといいでしょう。

💡 ヒント Web画面から開始する

Zoomのサイトにサインインし、<ミーティングを開催する>をクリックするとインスタントミーティングを開始できます。

1 Zoomのクライアントアプリを起動します。

2 <新規ミーティング>をクリックします。

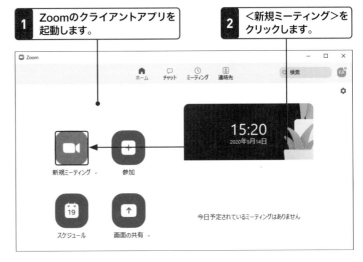

3 Zoomミーティングが始まります。

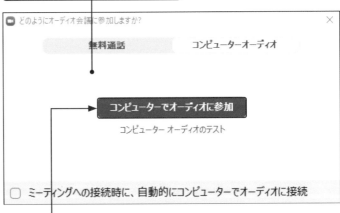

4 <コンピューターでオーディオに参加>をクリックします。

5 ミーティングコントロールの<参加者>をクリックします。

6 参加者ウィンドウが開きます。

7 <招待>をクリックします。

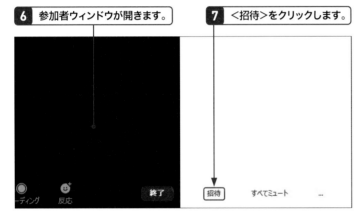

8 <招待リンクをコピー>または<招待のコピー>をクリックして情報をコピーし、メールなどに貼り付けて送信します。

<情報アイコン>からリンクを取得する

インスタントミーティングに参加者を招待する場合、ミーティング画面の左上にある⑥をクリックすると便利です。この画面で<リンクをコピーする>を選ぶと、招待用のURLがクリップボードにコピーされます。

「予約されたミーティング」との違い

インスタントミーティングは、すぐミーティングを行いたい場合に使います。ミーティングが終了すると、そのミーティングIDは使えなくなります。予約されたミーティングは、特定の日時にミーティング予約を行い、その日時になったらミーティングを開始します。ミーティングIDは会議を予約／開始してから30日後に使えなくなるという違いがあります。インスタントミーティング開始時にPMI（Sec.32）を使用することもできます。

「ブラウザから参加する」リンクを表示しよう

覚えておきたいキーワード
- ☑ Zoom のサイト
- ☑ ブラウザから参加
- ☑ リンク

参加者はクライアントアプリをインストールしていなくても、Webブラウザーがあれば Zoom ミーティングに参加できます。ここでは、参加者がメールでURLを受け取り、そのURLをクリックした時に出るメッセージに、「ブラウザから参加する」というリンクが表示されるようになる設定について説明します。

1 Zoomのサイトで設定を変更する

> **メモ**
> **Zoomのサイトでは詳細な設定ができる**
>
> Zoomのクライアントアプリである程度の設定ができますが、Zoomのサイトでは、より詳細な設定ができるようになっています。

1 ブラウザーでZoomのサイトにアクセスします。

2 <サインイン>をクリックし、Sec.05を参考にサインインします。

3 <設定>をクリックします。

> **ヒント**
> **<マイアカウント>と表示されたら**
>
> 手順**2**で、画面右上に<サインイン>ではなく、<マイアカウント>と表示されることがあります。これは、すでにサインインしているためです。その場合、改めてサインインし直す必要はありません。

4 設定画面が開くので下にスクロールします。

5 <「ブラウザから参加する」リンクを表示します>を
クリックしオンにします。

アカウントがホストしているミーティング/ウェビナーに対してデータセンター
の領域を選択します

全地域から加わっている参加者のベストエクスペリエンスを提供するために、
すべてのデータセンターの地域を含めます。データセンターの地域をオプトア
ウトすると、これらの地域から加わっている参加者に対して、CRC、ダイヤル
イン、着信希望、電話で招待のオプションが制限されることがあります。

「ブラウザから参加する」リンクを表示します

参加者はZoomアプリケーションダウンロードプロセスを回避し、各自のブラ
ウザから直接ミーティングに参加することができます。これは、ダウンロー
ド、インストール、アプリケーションの実行ができない参加者向けの方法で
す。ブラウザからのミーティングエクスペリエンスは制限付きであることに注
意してください。

参加者が招待リンクをクリックした時に表示されるメッセージに「ブラウザ
から参加してください」のリンクが表示されるようになります。

キーワード ブラウザー

Webサイトを閲覧するアプリケーションのこ
と。Microsoft Edgeのほか、Chrome、
FirefoxなどのブラウザーもZoomではサポー
トされています(P.15参照)。

**メモ 設定がオフでもブラウザー
から参加できる**

本セクションで設定をしなくても、参加者は
Webブラウザーからミーティングに参加できま
す。しかし、手順がわかりにくいので、でき
るだけリンクを表示するよう設定しておきましょ
う。

第**5**章 ミーティングを円滑に進めるための設定をしよう

毎回同じURLで
ミーティングを開こう

Zoomミーティングで、ミーティングの予約をすると、毎回URLやパスコードが変わります。定期的なミーティングなどの場合、毎回同じURLやパスコードを使えると便利です。ここでは、個人ミーティングIDを使わずにURLやパスワードを固定する方法を紹介します。

1 ＜スケジュール＞を予約する

💡 ヒント **個人ミーティングIDを割り当てる**

ミーティングIDは、初期設定では「自動生成」されますが、スケジュールの設定画面で指定することで個人ミーティングIDを割り当てることもできます。

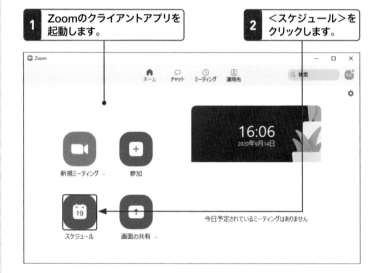

1 Zoomのクライアントアプリを起動します。

2 ＜スケジュール＞をクリックします。

3 ＜定期的なミーティング＞にチェックを入れ、

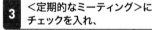

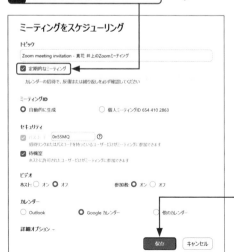

ミーティングをスケジューリング

トピック
Zoom meeting invitation - 真花 井上のZoomミーティング

☑ 定期的なミーティング

カレンダーの招待で、反復または繰り返しを必ず確認してください

ミーティングID
○ 自動的に生成   ○ 個人ミーティングID 654 410 2863

セキュリティ
☑ パスコード 0n5SMQ ⑦
招待リンクまたはパスコードを持っているユーザーだけがミーティングに参加できます
☑ 待機室
ホストに許可されたユーザーだけがミーティングに参加できます

ビデオ
ホスト: ○ オン ○ オフ   参加者: ○ オン ○ オフ

カレンダー
○ Outlook   ○ Google カレンダー   ○ 他のカレンダー

詳細オプション

4 ＜保存＞をクリックします。

保存   キャンセル

📖 メモ **定期的なミーティングの管理**

定期的なミーティングは、ミーティングを開催する「日時」を設定できません。そのため、開催スケジュールなどの管理は、別途カレンダーアプリなどを使って行います。

第5章 ミーティングを円滑に進めるための設定をしよう

5 URLなどの情報が表示されます。必要に応じてカレンダーアプリに登録したり、参加者に通知します。

6 ミーティングの開催日にかかわらず、開始から365日間はURLやミーティングIDなどは変わりません。

追加したスケジュールはZoomのサイトからも確認できます。

ヒント　スケジュールを確認する方法

定期的なスケジュールはZoomのウェブサイトにアクセスし＜ミーティング＞をクリックすることで確認できます。

ステップアップ　インスタントミーティングでいつも同じ招待URLにする

インスタントミーティングで、いつも同じURLでアクセスできるようにするには、Zoomのサイトから設定します。
Zoomのサイトにサインインし＜マイアカウント＞→＜マイプロフィール＞→＜パーソナルミーティングIDを編集＞→＜即時ミーティングにパーソナルミーティングIDを使用する＞にチェックを入れます。

チャンネルを作成して ミーティングを管理しよう

Zoomでチャンネルを使うと、グループでのチャットやファイルのやりとりが簡単に行えるようになります。リモートワークでZoomを使っている企業ユーザーなら、ビジネスチャット代わりに使うこともできます。無料アカウントでは最大500人のメンバーをプライベートチャンネルに含めることができます。

1 チャンネルを作成する

🔑 キーワード　**チャンネル**

チャンネルとは、決まったメンバーで作るグループのこと。チャンネルがあれば、Zoomクライアントアプリの<チャット>を使ってグループチャットやファイルの共有ができるようになります。

1 Zoomのクライアントアプリを起動します。

2 <連絡先>をクリックします。

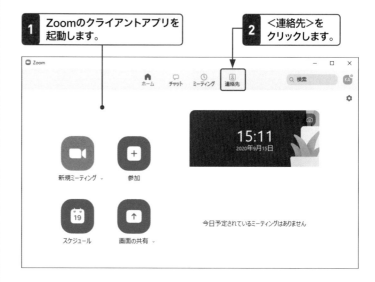

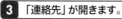 **3** 「連絡先」が開きます。

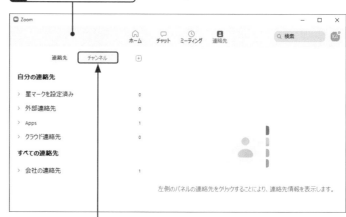

4 <チャンネル>をクリックします。

5 | 参加しているチャンネルの一覧が開きます。

6 | ＋をクリックし、

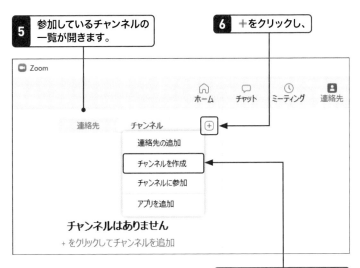

7 | ＜チャンネルを作成＞をクリックします。

8 | 必要事項を入力し、

9 | ＜チャンネルを作成＞をクリックします。

10 | ＜チャット＞画面が開き、チャンネルが追加されているのを確認します。

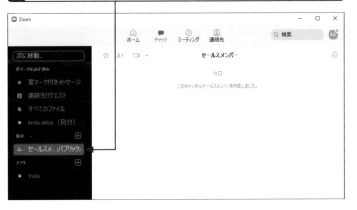

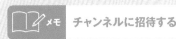 チャンネルに招待する

チャンネルを作成したら、チャンネルに参加してほしいメンバーを招待しましょう。P.103手順⑩の画面でチャンネル名を右クリックし、＜メンバーの追加＞から招待できます。

 ヒント　重要なチャンネルには
スターをつける

チャンネルが増えてくると、管理が難しくなってきます。重要なチャンネルには星マークを設定しておきましょう。

メモ　チャンネルから
ミーティングを開始する

チャンネルからミーティングを開始するには、チャンネル名を右クリックし、＜ビデオありでミーティング＞または＜ビデオなしでミーティング＞をクリックします。すると、チャンネルのメンバーには招待が送られ、ミーティングへの参加を促します。スマホアプリを入れている場合、電話のように通知がコールされるので見逃しにくくなり便利です。

Section

44

参加者

ホスト

参加者のビデオや音声の
オン／オフを設定しよう

覚えておきたいキーワード

☑ 参加者ビデオ
☑ エントリ
☑ ミュート

ホストは、参加者がミーティングに参加する際のビデオや音声の初期設定を変更できます。使い勝手やセキュリティなどを考慮し、それぞれの項目のオン／オフを設定しましょう。最適な設定が分からない場合、ビデオや音声は＜オフ＞に設定すると、セキュリティを高めることができます。

1　ビデオのオン／オフを設定する

ヒント　予約時にビデオを設定する

ホストは、ミーティングを予約する際にも、参加者のビデオや音声の初期設定を指定できます。勉強会やセミナーなどを開催する際は、参加者のビデオや音声をオフにしておくといいでしょう。

1 Sec.41を参考にZoomのサイトにサインインし、

2 ＜設定＞をクリックします。

3 画面をスクロールし、

4 ＜参加者ビデオ＞の項目のオン／オフを設定します。

第 **5** 章　ミーティングを円滑に進めるための設定をしよう

104

2 音声のオン／オフを設定する

1 P.104手順**1**と同様にZoomのサイトにサインインし、

2 ＜設定＞をクリックします。

3 画面をスクロールし、

4 ＜どの参加者についてもミーティングに参加する時にミュートに
設定する＞の項目のオン／オフを設定します。

**メモ 参加者の音声を
ミュートする**

ミーティングが開始していることに参加者が
気がつかず、音声が他のミーティング参加
者に聞かれてしまうことがあります。こういっ
た事故を防ぐため、初期設定では参加者の
音声をミュートにしておく（＜参加者をエントリ
後にミュートする＞をオンにしておく）といいで
しょう。

**ステップ
アップ ミーティング画面からミュートを制御する**

ホストは、ミーティングを開
催している時に参加者の
音声を「ミュート」にしたり、
「ミュートの解除」を要求し
たりできます。

待機室にロゴやメッセージを表示して有効に活用しよう

Section **45** 参加者 ホスト

覚えておきたいキーワード
☑ **待機室**
☑ **画像フォーマット**
☑ **画像編集ソフト**

料金プランをプロプラン以上(有料)にすると(P.156参照)、待機室で表示されるメッセージやロゴを変更したり、ミーティングの議題を表示したり、注意事項を表示したりできるようになります。これにより、トラブルを未然に防止する、生産性が向上するなどの効果が期待できます。

1 Webサイトで待機室の設定を変える

🔑 **キーワード** **GIF/JPG/PNG フォーマット**

GIF/JPG/PNGとはそれぞれ画像のフォーマットのこと。画像編集ソフトなどを使えば、これらのフォーマットで画像を書き出すことができます。

1 Sec.41を参考にZoomのサイトにサインインし、

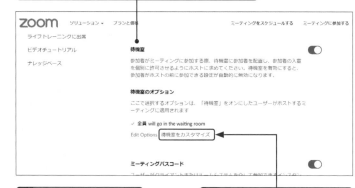

2 <設定>をクリックし、

3 <待機室をカスタマイズ>をクリックします。

4 「Customize Waiting Room」の画面が開きます。

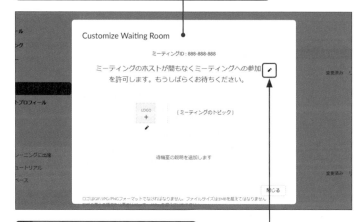

5 <鉛筆アイコン>をクリックします。

💡 **ヒント** **ロゴは400px× 400px以下にする**

ロゴに指定できるのは400px×400px以下の画像ファイルです。このサイズより小さいサイズのロゴを用意しましょう。

第5章　ミーティングを円滑に進めるための設定をしよう

6 内容を入力し、

7 ✓をクリックします。

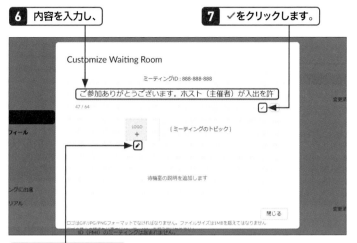

8 ✏をクリックします。

9 ロゴに設定したい写真を選び、

10 <開く>をクリックします。

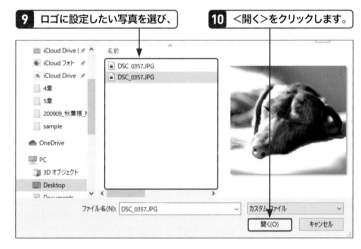

11 内容を確認し、<閉じる>をクリックします。

📖 メモ　**カスタマイズできる
のは有料プラン**

待機室のカスタマイズは有料プランでないと
適用されません。待機室をカスタマイズする
場合、有料プランに変更しましょう。

💡 ヒント　**有料プランにアップ
グレードするには**

有料プランにするにはP.156のQuestion12
を参考にしてZoomのプランをアップグレード
してください。

📖 メモ　**カスタマイズした
待機室**

カスタマイズした待機室では、指定した内容
が参加者に表示されます。

チャット機能を制限しよう

テキストで情報をやりとりできる「チャット」は便利な機能ですが、ミーティングでチャット機能が必要ない場合にはチャットの悪用防止や荒し対策としてチャットの使用を制限しておきましょう。ここではチャット機能を制限する方法を紹介します。

1 アプリでチャットを制限する

メモ チャットが制限されている場合

チャットの使用が制限されている場合、チャットを使うことができません。チャットを使いたい場合、ホストに許可してもらう必要があります。

1 Zoomミーティングを開始します。

2 ミーティングコントロールの＜チャット＞をクリックし、チャットボックス表示します。

kenta akiba

セキュリティ　　参加者 1　　チャット　　画面の共有　　レコーディング

3 ⋯をクリックし、

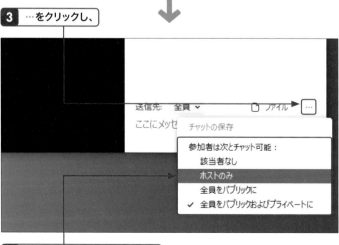

送信先：　全員 ∨　　🗋 ファイル　⋯

ここにメッセ　　チャットの保存

　　参加者は次とチャット可能：
　　該当者なし
　　ホストのみ
　　全員をパブリックに
✓ 全員をパブリックおよびプライベートに

4 制限したい内容を選択します。

メモ チャットを使用しない場合

チャットを使用しない場合には、手順**3**の画面で、＜該当者なし＞に設定します。ホストのみとチャットを許可する場合には＜ホストのみ＞に設定します。

2 すべてのミーティングでチャットを制限する

1 Sec.41を参考にZoomのサイトにサインインし、

2 <設定>をクリックします。

3 「チャット」の項目を探し、オンになっていたらオフにします。

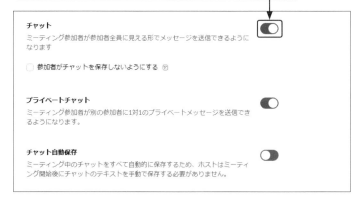

4 <無効にする>をクリックします。

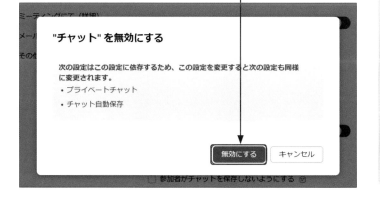

ヒント **チャットを保存させない設定**

チャットを参加者に保存してほしくない場合には、Zoomのサイトにアクセスし<参加者がチャットを保存しないようにする>をオンにします。情報漏えいのリスクを低減したい場合、この設定をオンにしておくと安心です。

キーワード **プライベートチャット**

プライベートチャットとは、ミーティング参加者同士が1対1のプライベートメッセージをやりとりできる機能です。

第5章 ミーティングを円滑に進めるための設定をしよう

ミーティング中のファイル送信機能を制限しよう

Zoomミーティングでは、チャット機能を使ってファイルを送受信できます。情報共有する際にはとても便利な機能なのですが、ファイルを送受信することで情報漏えいやセキュリティのリスクも高まるので、不要な場合にはファイルの送信機能を制限しておきましょう。

覚えておきたいキーワード
☑ チャット
☑ ファイル送信
☑ 拡張子

1 Zoomのサイトで設定をする

ヒント ファイル閲覧には画面共有を使う

ファイル自体を参加者に渡さず、情報を伝える場合には、「画面共有」機能を使い、画面越しに情報を共有するといいでしょう。

1 Sec.41を参考にZoomのサイトにサインインし、

2 <設定>をクリックします。

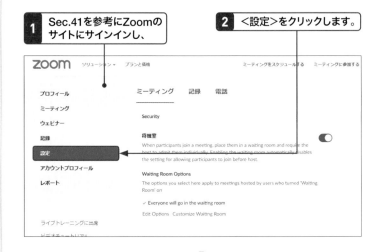

3 「ファイル送信」の項目を探します。

ファイル送信
ホストと参加者はミーティング内チャットを通じてファイルを送信できます。 ☑

☐ 指定のファイルタイプのみを利用できます ☑

☑ 最大ファイルサイズ 2048 ∨ MB ☑

保存 キャンセル

Zoomへのフィードバック
Windows設定またはMacシステム環境設定ダイアログにフィードバックタブを追加して、ユーザーがミーティングの最後にZoomにフィードバックを提供できるようにします

メモ ローカルのファイルの送信のみ制限される場合も……

Zoomのバージョンによっては、Sec.47の手順でパソコン本体に保存しているファイルは制限できますが、オンラインストレージのファイルは制限できない場合があります。オンラインストレージの使用を制限したい場合には、Sec.46を参考に、チャットの使用を制限してください。

第5章 ミーティングを円滑に進めるための設定をしよう

4 オンになっていたらオフにします。

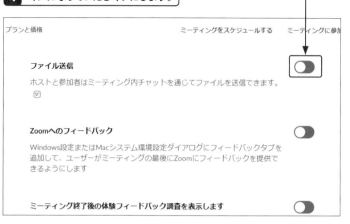

プランと価格　　　　　　　　　　　　ミーティングをスケジュールする　　ミーティングに参加

ファイル送信

ホストと参加者はミーティング内チャットを通じてファイルを送信できます。

Zoomへのフィードバック

Windows設定またはMacシステム環境設定ダイアログにフィードバックタブを
追加して、ユーザーがミーティングの最後にZoomにフィードバックを提供で
きるようにします

ミーティング終了後の体験フィードバック調査を表示します

5 Zoomミーティングに参加し、ミーティングコントロールの<チャット>
をクリックしてチャット画面を表示させます。<ファイル>をクリック
すると<コンピューター>を選択できなくなっているのを確認できます。

メモ　セキュリティに注意

ファイルの送受信を許可する場合、セキュリ
ティ対策にも気をつける必要があります。知
らない人から送られてきたファイルは開かな
い、ダウンロードしたファイルはウィルスチェッ
クするなど、基本的な対策をきちんと行うよう
にしましょう。

キーワード　拡張子

パソコンでファイルの種類を指定するために
ファイル名の末尾につけられている3文字程
度の文字列のこと。PDFファイルは「.pdf」、
ワードファイルは「.doc」などとなっています。

ステップアップ　特定のファイル形式だけ送信可能にすることもできる

資料をファイルとして送信し
たい場合、特定のファイル
形式に絞ってファイルを共
有することもできます。なお、
ファイルの種類は「拡張
子」で指定します。また、
Maximum file sizeを設定
することで、指定したサイ
ズ以上のファイルを送信で
きないようにすることもでき
ます。

ファイル送信　　　　　　　　　　　　　　　　　　　　　　　　　変更済み　リセット

ホストと参加者はミーティング内チャットを通じてファイルを送信できます。

☑ 指定のファイルタイプのみを利用できます

.txt,.doc,.xls

保存　　キャンセル

Zoomへのフィードバック

Windows設定またはMacシステム環境設定ダイアログにフィードバックタブを
追加して、ユーザーがミーティングの最後にZoomにフィードバックを提供で
きるようにします

ブレイクアウトルームを利用しよう

覚えておきたいキーワード
- ☑ ブレイクアウトルーム
- ☑ セッション
- ☑ 割り当て

大人数が参加しているミーティングでは、話題に参加できない人がいたり、議論が活発になりすぎて、収拾がつかなくなる場合があります。そういう場合は、ブレイクアウトルーム機能を使い、少人数のグループに分けて話し合った方がスムーズに進むかもしれません。

1 ブレイクアウトルームを使えるように設定する

🔑 キーワード　**ブレイクアウトルーム**

ミーティングの参加者を複数の小部屋に分けることができます。この機能をブレイクアウトルーム機能といいます。グループミーティングやグループワークを実施する際に便利な機能です。

1 Sec.41を参考にZoomのサイトにサインインし、

2 <設定>をクリックします。

3 ブレイクアウトルームの項目を探しオンにします。

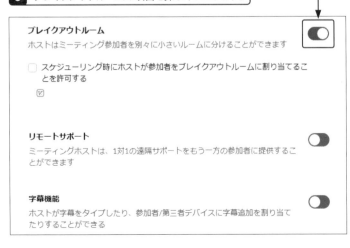

ブレイクアウトルーム
ホストはミーティング参加者を別々に小さいルームに分けることができます

☐ スケジューリング時にホストが参加者をブレイクアウトルームに割り当てることを許可する
☑

リモートサポート
ミーティングホストは、1対1の遠隔サポートをもう一方の参加者に提供することができます

字幕機能
ホストが字幕をタイプしたり、参加者/第三者デバイスに字幕追加を割り当てたりすることができる

📖 メモ　**アイコンが表示されない場合は**

設定しても<ブレイクアウトルーム>のアイコンが表示されない場合には、画面下にある<…詳細>をクリックし、<ブレイクアウトルーム>をクリックします。

2 ブレイクアウトルームを開始する

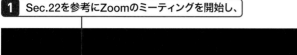

1 Sec.22を参考にZoomのミーティングを開始し、

2 ミーティングコントロールの＜ブレイクアウトルーム＞をクリックします。

3 ルーム（セッション）数や割り当て方法を選び、

4 ＜作成＞をクリックします。

5 ＜割り当て＞をクリックし、

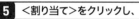

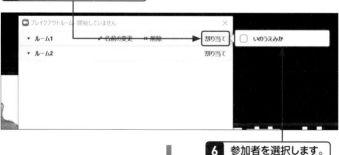

6 参加者を選択します。

7 ＜すべてのセッションを開始＞をクリックします。

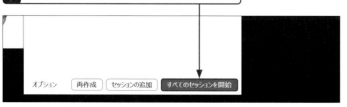

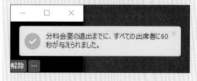

ミーティングをロックして 参加者を制限しよう

Zoom ミーティングでは、ミーティング ID やパスワードが分かれば誰でもミーティングに参加できます。そのため荒らし行為なども起きています。こういった荒らし行為を防ぐために、すべての参加者が参加したらミーティングをロックしましょう。

1 ミーティングをロックする

 ヒント　**参加者の制限は「パスワード」が有効**

参加者を制限する場合、Zoom ミーティングにパスワードを設定しましょう。ミーティングをスケジュールする際に、パスワードを設定可能です。

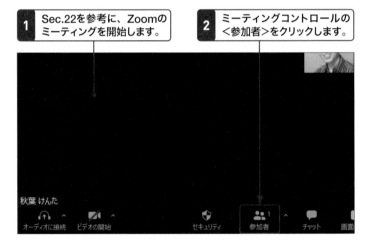

1 Sec.22を参考に、Zoomのミーティングを開始します。

2 ミーティングコントロールの<参加者>をクリックします。

秋葉 けんた

オーディオに接続　ビデオの開始　セキュリティ　参加者　チャット　画面

3 参加者パネルが開きます。

4 …をクリックします。

ブレイクアウトルーム　リアクション　終了　招待　すべてミュート　…

 キーワード　**ロック**

ロックとは、「カギを掛ける」こと。Zoomのミーティングをロックすると、ミーティング ID やパスワードを知っている参加者であっても、そのミーティングに参加できなくなります。ミーティングコントロールの<セキュリティ>からもロックすることができます。

第5章　ミーティングを円滑に進めるための設定をしよう

5 <ミーティングのロック>をクリックします。

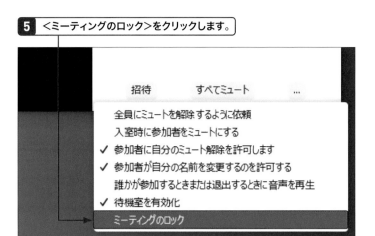

↓

6 ミーティングがロックされます。

ミーティングをロックしています。他の人が参加できません。

| セキュリティ | 参加者 | チャット | 画面の共有 | レコーディング | ブレイクアウトルーム | リアクシ |

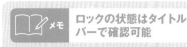

メモ ロックの状態はタイトルバーで確認可能

ミーティングがロックされているか確認するにはタイトルバーをチェックすると便利です。「ロック済み」と表示されていれば、ミーティングはロックされています。

Zoom ミーティング（ロック済み）

ステップアップ 有料プランなら事前登録したユーザーだけが参加可能に

Zoomでは、事前登録したユーザーだけがミーティングに参加できるようにも設定できます。有料プランの機能ですが、セキュリティを考えると非常に有効な機能です。

管理者		開催日時	2020/09/17　4:00　午後
> ユーザー管理			
> ルーム管理		所要時間	1　時　0　分
> アカウント管理		タイムゾーン	(GMT+9:00) 大阪、札幌、東京
> 詳細			□ 定期ミーティング
ライブトレーニングに出席		登録	☑ 必須
ビデオチュートリアル			
ナレッジベース		ミーティングID	● 自動的に生成　○ 個人ミーティングID 241 782 6603

Section
50 参加者
ホスト

参加者を退出させよう

覚えておきたいキーワード
☑ 待機室
☑ 削除
☑ 参加者

ミーティングの邪魔をしたり、参加資格がないのにミーティングに参加している参加者はミーティングから退出させることができます。トラブルを起こしている参加者の場合には、一旦「待機室」に戻して、トラブルの解消に努めるといいでしょう。

1 参加者を待機室に強制移動させる

🔑 キーワード　待機室

ミーティングを開始する前に一時的に待機する場所です。ミーティング中でも参加者を「待機室」に戻すことができます。待機室にいるメンバーは、ホストが参加を許可すればミーティングに参加できます。

1 Sec.22を参考にミーティングを開始し、ミーティング画面を開きます。

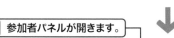

2 ミーティングコントロールの＜参加者＞をクリックします。

3 参加者パネルが開きます。

4 退出させたい参加者名の上にマウスカーソルを移動させます。

💡 ヒント　チャットで話し合う

参加者とトラブルになってしまった場合、音声でやりとりしてしまうと他の参加者の迷惑になります。そういう場合には、チャットを使って話し合うことで他の参加者の邪魔にならず、トラブルを解決できることもあります。

5 ＜詳細＞をクリックします。

6 ＜待機室に戻す＞をクリックします。

7 参加者が待機室に戻りました。ミーティングに再度参加させる場合、あらためて承認します。

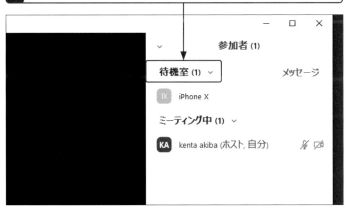

📖 ✍メモ 　迷惑な参加者は
　　　　　　＜削除＞しよう

荒らし行為などを行っている参加者は、再度ミーティングに参加させる必要はありません。こういった参加者は手順**6**で＜削除＞をクリックします。

第**5**章　ミーティングを円滑に進めるための設定をしよう

📖 ✍メモ 　削除されると

初期設定では、削除されたユーザーは、そのミーティングに参加することができません。参加できるように設定するには、Zoomのサイトから＜取り除かれた参加者を再度参加させることを許可＞の設定をオンにします。

Section 51

参加者 / ホスト

参加者のパソコンをリモートで操作しよう

覚えておきたいキーワード

☑ リモート制御
☑ 画面の共有
☑ リクエスト

Zoomでは、画面を共有している参加者のパソコンをリモート操作できます。相手の許可がなければ操作することができないので、安心です。操作の説明をする場合に便利な機能ですので覚えておきましょう。

---

1 参加者のパソコンをリモート制御する

🔑 キーワード **リモート制御**

その場にいなくても遠隔地から操作すること。言葉だけでは操作の説明が難しい場合に有効な方法。

1 Sec.25を参考にパソコンを操作したい参加者に画面を共有してもらいます。

2 <オプションを表示>をクリックし、

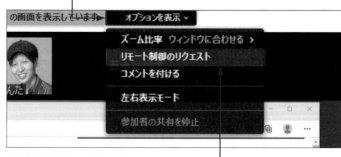

💡 ヒント **参加者の画面を共有できない時には**

参加者が画面を共有できない場合、ホストが画面共有を許可していない場合があります。画面共有の許可をしているかどうか確認しましょう。

3 <リモート制御のリクエスト>をクリックします。

第5章 ミーティングを円滑に進めるための設定をしよう

4 <リクエスト>をクリックします。

リモート制御のリクエスト　　　　　　　　　×

五十嵐健太 の共有コンテンツのリモート制御をリクエストしようとしています。

[リクエスト] を選択して 五十嵐健太 の承認を待ってください。リクエストを送信しない場合は **[キャンセル]** を選択してください。

リクエスト　　キャンセル

5 リモート制御される側にも承認を促すダイアログが表示されます。<承認>をクリックします。

編集プロダクションマイカが画面のリモート制御をリクエストしています

画面をクリックすることにより、いつでも制御を取り戻せます。

承認　　辞退

6 画面上部に「●●の画面を制御しています」と表示され、リモート操作できる状態になっていることが確認できます。

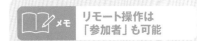

メモ リモート操作は「参加者」も可能

本文では、ホストが参加者のパソコンをリモート操作していますが、同様の操作で参加者がホストやほかの参加者のパソコンをリモート操作することもできます。

メモ リモート制御を終了する

リモート操作が終わったら<オプションを表示>をクリックし、<リモート制御権の放棄>をクリックします。

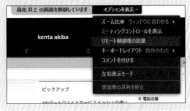

ホストの権限をほかの人に割り当てよう

覚えておきたいキーワード
☑ ホスト
☑ 共同ホスト
☑ アカウント

Zoomミーティングを開催したホストが急用でミーティングを退出しなければいけない場合には、ホストの権限をほかの参加者に移譲してミーティングを継続できます。権限を移譲された参加者はホストになるため、チャットの制限やミーティングのロックなどを行えるようになります。

---

1 ホストの権限を参加者に渡す

🔑 キーワード　**共同ホスト**

複数人にホストの権限を持たせる場合「共同ホスト」を設定すると便利です。

1 Sec.22を参考にミーティングを開始し、ミーティング画面を開きます。

2 ミーティングコントロールの<参加者>をクリックします。

3 参加者パネルが開きます。

💡 ヒント　**ホストを別の人に割り当てる**

ホストがミーティングを退出しても、ミーティングを継続したい場合には、別の人にホストの権限を渡すことができます。

4 ホストに指名したい参加者にマウスカーソルを移動し、

5 <詳細>をクリックします。

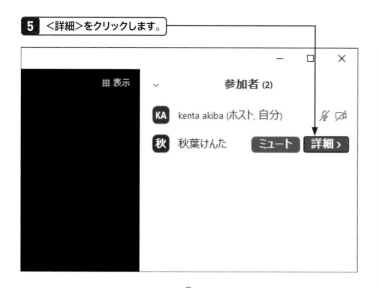

6 <ホストにする>をクリックします。

7 確認のダイアログが表示されるので<はい>をクリックします。

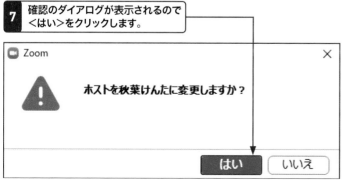

メモ アカウントの契約状況を確認

ホストが無料プランのアカウントでミーティングを開始した場合、ホストの権限を渡された人が有料プランのアカウント登録者だったとしても、そのミーティングでは無料プランの制限がそのまま継続されます。ホストの権限を明け渡す際には、プランについても知っておくといいでしょう。

メモ 「共同ホスト」で開催可能に

複数人に「ホスト」の権限を渡す場合には、Zoomのサイトで「共同ホスト」の設定をしておく必要があります。共同ホストとは、複数人がホストの権限を持っていること。あらかじめ共同ホストを指定しておけば、ホストにトラブルがあっても、ミーティングを開催／継続できるようになります。

共同ホスト
ホストは共同ホストを加えることができます。共同ホストは、ホストと同じようにミーティング中のコントロールを行うことができます。

2台のカメラを
切り替えて使おう

覚えておきたいキーワード
- ☑ Web カメラ
- ☑ カメラの切り替え
- ☑ アングル

Zoomでは、複数のWebカメラが接続されている場合に、それらのWebカメラを切り替えて表示することができます。人物や手元などアングルを切り替えて表示したい時に便利な機能です。

1 Webカメラをパソコンとつなぐ

🔑 キーワード　**Webカメラ**

Webカメラは、ビデオ会議で映像をやりとりする際に必要な機器です。ノートパソコンではWebカメラが内蔵されているモデルがありますが、別途用意した外付けのカメラを接続することで内蔵カメラと切り替えて使用することができます。

1 Webカメラを USB ケーブルなどでパソコンに接続します。

⬇

2 Zoomのクライアントアプリを起動し、

3   をクリックします。

💡 ヒント　**複数のWebカメラを使う**

Zoomでは複数のWebカメラがある場合、切り替えて使うことができます。アングルを切り替えて表示させたい時などに便利です。

4 ＜ビデオ＞をクリックし、 　　**5** 使用するカメラを選択します。

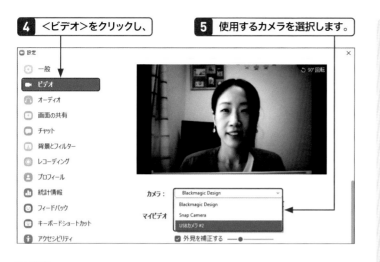

メモ 切り替える前に、アングルを確認

複数のWebカメラを接続している場合、アングルとWebカメラの対応をきちんと覚えておかないと、意図しない画像に切り替えてしまう場合があります。切り替えの際には、アングルやカメラ名などを確認してから切り替えるようにしましょう。

2 ミーティング中にカメラを切り替える

1 ミーティングコントロールで、＜ビデオの開始＞の右にある▲をクリックします。

ヒント スイッチャーでカメラ切り替えも可能

ハードウェアでカメラを切り替える場合「スイッチャー」といわれるハードウェアを使います。動画配信の際にも使う機器で、スムーズにカメラを切り替えることができます。

2 切り替えるカメラを選択します。

Section 54

参加者
ホスト

ミーティング時のルールを
決めておこう

覚えておきたいキーワード
- ☑ 反応
- ☑ チャット
- ☑ ルール

Zoomミーティングでは、複数の人が同時に話すと誰が話しているのか分からなくなり、スムーズな運営が難しくなります。ミーティングを開始する前に、「話し終わる時には『以上です』という」、発言者以外はミュートする、「質問はチャットや反応機能を使う」というようにルールを決めておくと便利です。

1 ミーティング参加者でルールを決める

ヒント ルールを説明する

ミーティングで本題に入る前に、ミーティングの基本的なルールを参加者と共有しておくとミーティングがスムーズに運営できます。

第5章 ミーティングを円滑に進めるための設定をしよう

キーワード 反応機能

ミーティングコントロールの<反応>をクリックするといくつかのアイコンを選択できます（P.45参照）。このアイコンをクリックすると画面上に表示されます。Sec.45を使い、待機室にルールを記載しておくのも有効です。

質問がある場合、チャット機能を使うと、
ミーティングが会話で混乱しません。

<反応>機能をうまく使えば、
言葉を交わさなくても意思疎通ができます。

Chapter 06

第6章

iOS／Android端末で Zoomを使おう

アプリをインストール／サインアップしよう

覚えておきたいキーワード
☑ iPhone
☑ Android
☑ サインアップ

Zoomをスマホで使うには、Zoomモバイルアプリをインストールする必要があります。ここではiPhoneを例に、アプリのインストール方法とZoomへのサインアップ方法を紹介します。Androidを搭載したスマートフォンでも同様の操作でインストール／サインアップできます。

1 アプリストアからアプリを入手する

📖✐メモ Androidでも手順は同じ

本文ではiPhoneの手順を紹介しましたが、Androidでもインストールの手順は変わりません。Playストアから「ZOOM Cloud Meetings」アプリを検索し、インストールしましょう。

1 App Storeを開き、「ZOOM Cloud Meetings」を検索します。

2 <入手>をタップします。

3 Zoomアプリがインストールされたのが確認できます。

4 アイコンをタップするとZoomアプリが起動します。

📖✐メモ スマホアプリはインストールが簡単

パソコンの場合、アプリをダウンロード後、インストールする必要がありますが、スマホは、「入手」ボタンをタップするだけで、ダウンロードとインストールが始まります。

2 アカウント登録をスマホで行う

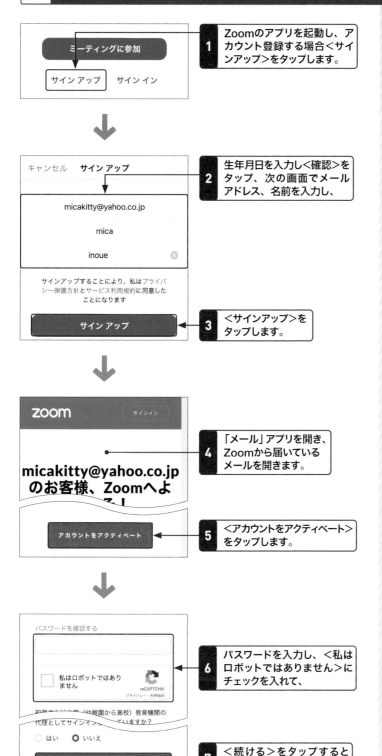

1 Zoomのアプリを起動し、アカウント登録する場合＜サインアップ＞をタップします。

2 生年月日を入力し＜確認＞をタップ、次の画面でメールアドレス、名前を入力し、

3 ＜サインアップ＞をタップします。

4 「メール」アプリを開き、Zoomから届いているメールを開きます。

5 ＜アカウントをアクティベート＞をタップします。

6 パスワードを入力し、＜私はロボットではありません＞にチェックを入れて、

7 ＜続ける＞をタップするとホーム画面が表示されます。

 ヒント アカウント登録していれば、＜サインイン＞できる

事前にZoomにアカウント登録していれば、Zoomのアプリから「サインイン」できます。サインインすることで、Zoomミーティングを開始したり、予約したりできるようになります。

 ヒント ミーティングに招待されている場合、＜ミーティングに参加＞でOK

Zoomミーティングに招待されて参加する場合、ユーザー登録をする必要はありません。Zoomアプリを起動し、＜ミーティングに参加＞を選べば、ミーティングに参加できます。

サインインしよう

Zoomにサインインすることで、ホストとしてZoomミーティングを開始したり、予約したりできるようになります。また、参加者としてミーティングに参加する場合も、ユーザー名などを入力しなくていいので便利です。ここでは、スマホからサインインする方法を紹介します。

1 スマホからサインインする

📝メモ アプリのアップデート

Zoomなどのアプリは、機能強化などでアップデートされます。自動的にアップデートをする設定になっていない場合、手動でアップデートする必要があります。定期的にストアアプリを確認し、アップデートがあれば更新するようにしましょう。

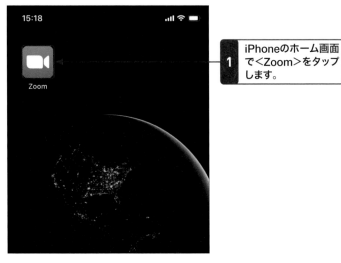

> 1 iPhoneのホーム画面で<Zoom>をタップします。

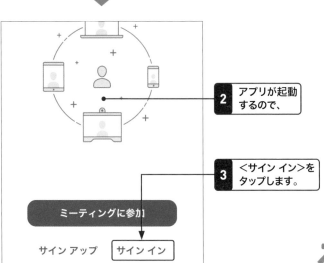

> 2 アプリが起動するので、

> 3 <サイン イン>をタップします。

💡ヒント サインインするとミーティングを主催できる

ホストとしてミーティングを主催する場合、<サイン イン>する必要があります。一度サインインすれば、次回からはZoomアプリをタップするとすぐにホーム画面が表示されます。

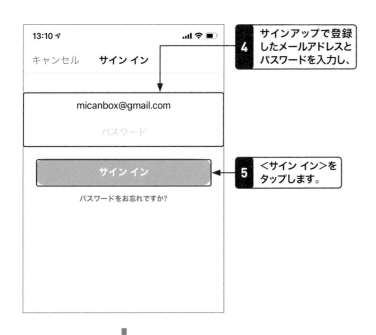

4 サインアップで登録したメールアドレスとパスワードを入力し、

5 <サイン イン>をタップします。

6 サインインが完了し、ホーム画面が開きます。

メモ スマホでサインアップするには

Zoomのアカウントを取得していない場合、スマホからもサインアップ可能です。手順2の画面で<サイン アップ>をタップし、アカウントを登録していきます。

ヒント サインアウトするには

スマホでサインアウトするにはホーム画面から<設定>→<ユーザーアカウント名>の順にタップし、<サイン アウト>をタップします。

ジョブタイトル	未設定
場所	台東区
個人ミーティングID（PMI）	862 060 1494
デフォルトコールイン国または地域	未設定 >

ベーシックユーザーが参加者3名以上のミーティングをホストする場合、ミーティング時間は40分に制限されます

サイン アウト

タップする。

ステップアップ GoogleやFacebookアカウントでもサインイン可能

GoogleやFacebookにアカウントがある場合、そのアカウントを使ってサインインすることもできます。既にあるアカウントを利用でき便利です。これらのアカウントからサインインする場合、画面下部にある該当のアイコンをタップします。

次を使用してサイン イン

アプリの画面と機能を知ろう

覚えておきたいキーワード
- ☑ ホーム画面
- ☑ ミーティングに参加

Zoomアプリを使う前に、まずは画面や機能について知っておきましょう。ここでは＜サインイン＞後のホーム画面やミーティング画面の機能について紹介します。画面の使い方を覚えておくと、ミーティングを主催したり、参加したりする際に便利です。

1 ホーム画面の主な機能

ヒント Android版のホーム画面

Android版もiOS版とインターフェースなどはほとんど変わりません。使用している端末に合ったZoomをインストールして使いましょう。

すぐにミーティングを開始できます。

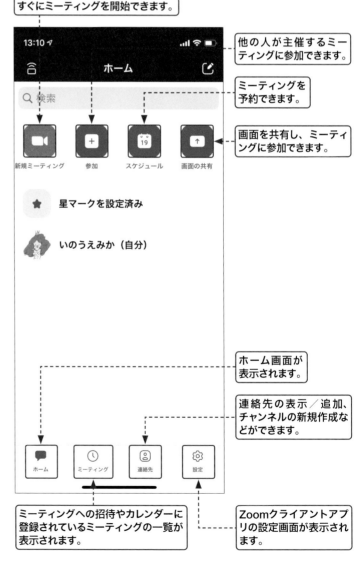

他の人が主催するミーティングに参加できます。

ミーティングを予約できます。

画面を共有し、ミーティングに参加できます。

ホーム画面が表示されます。

連絡先の表示／追加、チャンネルの新規作成などができます。

ミーティングへの招待やカレンダーに登録されているミーティングの一覧が表示されます。

Zoomクライアントアプリの設定画面が表示されます。

2 ミーティング画面の主な機能

ミーティングの終了／退出ができます。

このエリアにミーティング参加者の顔や名前が表示されます。

音声のオンオフを切り替えます。

ビデオのオンオフを切り替えます。

画面を共有します。

参加者ウィンドウを表示します。

チャット画面やバーチャル背景の設定をします。

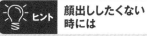 ヒント 顔出ししたくない時には

Zoomミーティングで顔を表示したくない場合、「ビデオ」をオフにして参加しましょう。

3 ＜詳細＞の主な機能

セキュリティ関連の設定を行います。

チャット画面を開きます。

ミーティングの設定画面を開きます。

ミーティング画面が最小化されます。

バーチャル背景を設定します。

 ヒント Android版との違い

iOS版とAndroid版との違いはほとんどありません。バーチャル背景についても、一部機種を除いて使用できます。ただし、iPhoneではホワイトボード機能が使えません。ホワイトボード機能を使う場合、iPadやAndroidスマホを使いましょう。

Section 58 参加者 ホスト
ミーティングに参加しよう

覚えておきたいキーワード
- ☑ ミーティング ID
- ☑ URL
- ☑ サインイン

メールなどでミーティングに招待されると、そのミーティングに参加することができます。招待メッセージのURLをクリックしても参加できますが、ここでは、ミーティングID等を入力してミーティングに参加する方法を紹介します。

1 ミーティングIDを入力し参加する

 ヒント 参加だけなら サインイン不要

ミーティングを主催しなければ、サインインしなくてもミーティングに参加できます。

 キーワード ミーティングIDとは

Zoomでは、ミーティングごとにID（番号）が割り当てられています。このミーティングに参加するには、ミーティングIDとパスワードまたは、これらの情報が含まれているURLが必要になります。ミーティングの参加方法は、Sec.11を参考にしてください。

 メモ URLをクリックしても 参加可能

招待メッセージにURLが記載されている場合、それをクリックするとアプリが起動し、Zoomミーティングに参加できます。

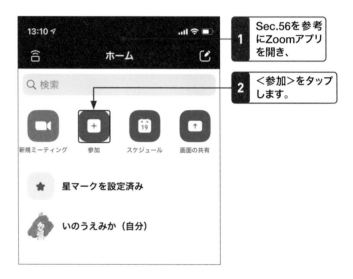

1 Sec.56を参考にZoomアプリを開き、

2 ＜参加＞をタップします。

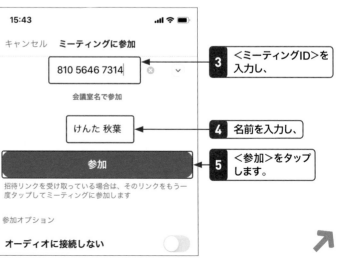

3 ＜ミーティングID＞を入力し、

4 名前を入力し、

5 ＜参加＞をタップします。

第6章 iOS／Android端末でZoomを使おう

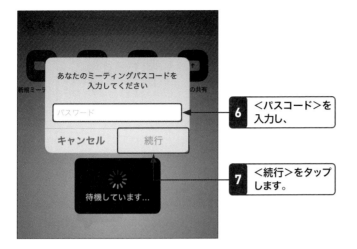

 <パスコード>を
入力し、

 <続行>をタップ
します。

 <ビデオ付きで参加>
または<ビデオなしで
参加>をタップします。

 ホストに許可されると
ミーティングに参加す
ることができます。

メモ　音声通話をオンにする

ミーティングが開始されたら<WiFiまたは携帯のデータ>をタップします。これをタップしないと音声通話ができません。

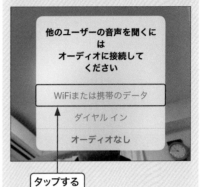

 タップする

メモ　ミーティングを退出する

ミーティングから途中退出する場合、<退出>をタップすると、そのミーティングから退出できます。退出後、再度ミーティング参加することも可能です。

ミーティングを開催しよう

覚えておきたいキーワード
- ☑ 新規ミーティング
- ☑ スケジュール
- ☑ 招待

Zoomのアプリにサインインしていれば、スマホアプリからでもZoomミーティングを主催することができます。ここでは、スマホですぐにミーティングを開催する方法を紹介します。

1 新規ミーティングを開く

💡 **ヒント ミーティングを予約する**

「●月●日にミーティングを開催する」という場合にはミーティングを予約すると便利です。<スケジュール>をクリックし、ミーティングの開催日時などを入力すれば、ミーティングを予約できます。詳しい手順はSec.20で説明していますので、そちらを参照してください。

1 Sec.56を参考にZoomアプリを起動して、サインインし、

2 <新規ミーティング>をタップします。

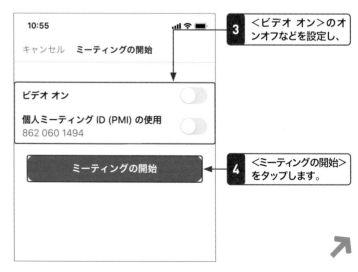

3 <ビデオ オン>のオンオフなどを設定し、

4 <ミーティングの開始>をタップします。

🔑 **キーワード 個人ミーティングID**

「個人ミーティングID」とは、Zoomのアカウントごとに割り当てられている「パーソナルミーティングID」のこと。初期設定ではオフになっています。通常はそのままミーティングを開始して問題ありません（Sec.42参照）。

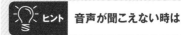

5 <インターネットを使用した通話>をタップすると、ミーティングが開始されます。

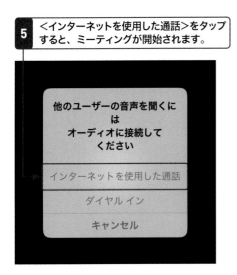

ヒント　音声が聞こえない時は

<インターネットを使用した通話>をタップしないと、音声でのコミュニケーションができません。間違えて<キャンセル>をタップしてしまった場合、ミーティング画面から左下の<オーディオに接続>アイコンをタップし、音声を使えるように設定します。

2　参加者を招待する

1 ミーティングコントロールの<参加者>をタップし、

2 <招待>をタップし、

3 招待する方法を選び、参加者をミーティングに招待します。

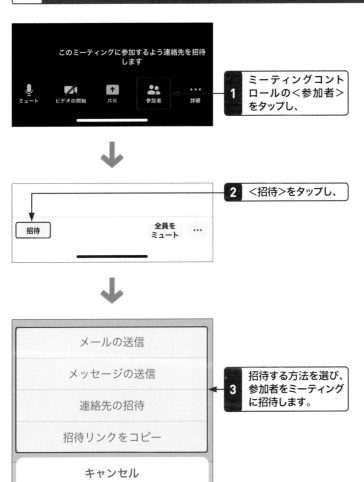

ヒント　LINEで招待する場合

LINEで参加者を招待する場合、<招待リンクをコピー>をタップし、招待用のURLをクリップボードに格納します。その後、招待したい人のLINEのトーク画面のコメント入力欄に<ペースト>することで、招待できます。

Section 60 参加者 ホスト

画面を共有しよう

覚えておきたいキーワード

☑ 画面の共有
☑ URL
☑ 画面

スマホでミーティングに参加していても画面を共有できます。写真やオンラインストレージサービスなどに保存しているファイル、URLのほか、操作画面も共有できます。ここでは「WebサイトURL」を共有する方法を例に操作の説明をしていますが、用途に合わせて必要な画面を共有しましょう。

1 Webサイトを画面共有で表示する

ヒント　参加者が画面共有するには

参加者が画面共有するには、ホストが参加者の画面共有を許可する必要があります。Sec.27を参考に、ホストは参加者の画面共有を許可しましょう。

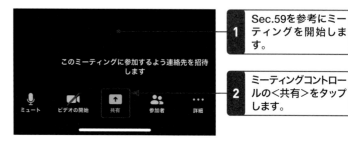

1 Sec.59を参考にミーティングを開始します。

2 ミーティングコントロールの<共有>をタップします。

3 共有方法の選択画面が表示されるので、

4 <WebサイトURL>をタップします。

メモ　オンラインストレージの資料を共有

PDFファイルなどを共有する場合、iCloud DriveやDropbox、Google Driveなどのオンラインストレージに保存しているファイルを使って、画面を共有します。

第6章 iOS／Android端末でZoomを使おう

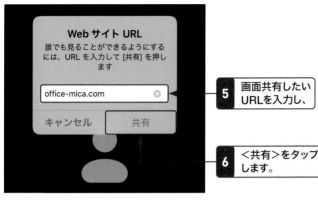

Step 5 callout

5 画面共有したい URLを入力し、

6 <共有>をタップします。

7 Webサイトが画面共有されました。

8 画面の共有を終了する時には<共有の停止>をタップします。

ヒント iPhoneに表示されている画面を共有するには

iPhoneに表示されている画面を共有するには、手順**3**で<共有>をタップして、<画面>をタップして<ブロードキャストを開始>する必要があります。

ヒント <鉛筆アイコン>をタップすると、画面上に書き込みも可能

プレゼンテーションを行う場合、特定の箇所に注目してほしい場合があります。画面共有中に鉛筆アイコンをクリックすると、<スポットライト>や<ペン>などのツールを使えます。

ホワイトボードを使おう

Androidを搭載しているスマホではホワイトボード機能を使うことができます。ブレインストーミングやミーティングなどで使えば、アイデアをまとめることができて便利です。ここではホワイトボードの共有方法を紹介します。

1 ホワイトボードを共有する

🔑 キーワード　**ホワイトボード**

ホワイトボードとは、話をする際に使う白いボードのこと。手描きの図や文字を書いたり消したりしながら説明するのに使います。Zoomでは、このホワイトボードをオンライン上で使うことができます。ホストや参加者が描いたものをリアルタイムに共有できて便利です。

ここでは、Andriodを搭載したスマートフォンの画面で解説します。

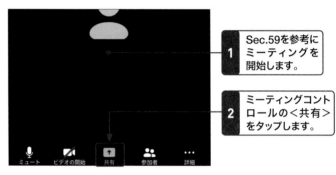

1 Sec.59を参考にミーティングを開始します。

2 ミーティングコントロールの＜共有＞をタップします。

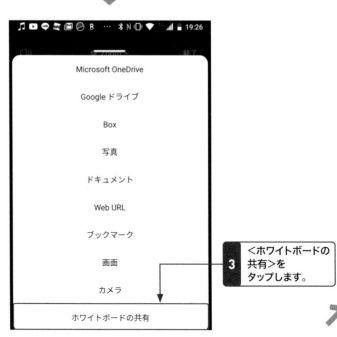

3 ＜ホワイトボードの共有＞をタップします。

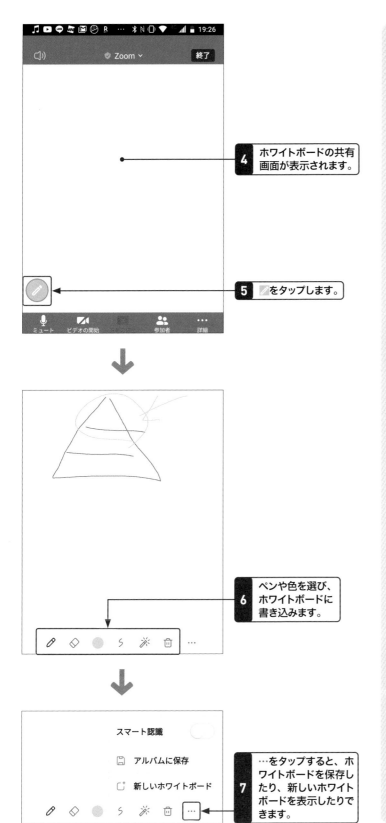

4 ホワイトボードの共有
画面が表示されます。

5 ✎ をタップします。

6 ペンや色を選び、
ホワイトボードに
書き込みます。

7 …をタップすると、ホ
ワイトボードを保存し
たり、新しいホワイト
ボードを表示したりで
きます。

スマート認識

🖫 アルバムに保存

⌷ 新しいホワイトボード

ヒント　スマート認識で
きれいな画像を描く

手順**7**で<スマート認識>をオンにすると、
フリーハンドで描いた画像がきれいな画像に
自動的に変換されます。

ヒント　参加者もホワイトボード
を使える？

ホワイトボードは参加者全員が書き込むこと
ができます。非常に便利な機能です。
iPhoneユーザーは他の人が共有しているホ
ワイトボードであれば、書き込むことができま
す。

ヒント　ホワイトボードを
終了する

Sec.60の手順**8**と同様の手順で<共有の
停止>をタップすると、ホワイトボードを終了
できます。

チャンネルを作成しよう

パソコン同様、スマホでも＜チャンネル＞を作成できます。プロジェクトメンバーなどを集めたチャンネルを作成すると、情報共有がスムーズに行えるようになるので活用するといいでしょう。ここでは「販促」というチャンネルを作成する手順を紹介します。

1 メンバーごとにチャンネルを作る

🔑 キーワード **チャンネル**

チャンネルを使うと、プライベートグループやパブリックグループを簡単に作成できるようになります。

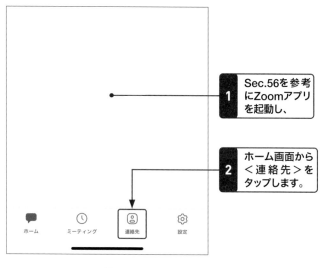

1 Sec.56を参考にZoomアプリを起動し、

2 ホーム画面から＜連絡先＞をタップします。

3 ＜チャンネル＞をタップするとチャンネル画面が表示されます。

4 ⊞をタップします。

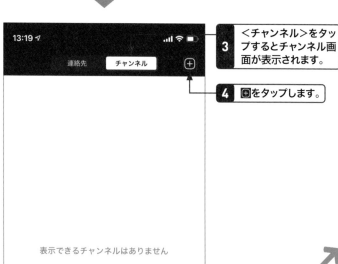

🔑 キーワード **連絡先**

Zoomユーザーを連絡先に登録しておけば、すぐにミーティングを開始できます。

62

5 <新規チャンネルを作成>をタップします。

 メモ **2つのチャンネルタイプ**

チャンネルタイプには組織内であれば誰でも検索・参加できる<パブリック>と、招待されているメンバーだけが参加できる<プライベート>の2つのタイプがあります。また、プロジェクトに関わる組織外のメンバーなどを招待することもできます。

6 チャンネル名を入力し、

7 <チャンネルタイプ>を選び、

8 <次へ>をタップします。

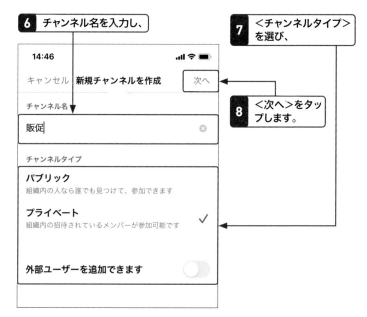

9 チャンネルに追加したいメンバーを選び、

10 <作成>をタップします。

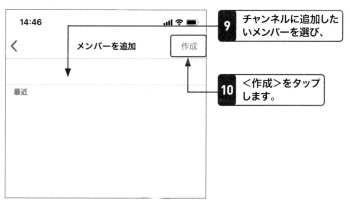

 ヒント **連絡先にメンバーを追加する**

Zoomに登録しているメールアドレスを入力すれば、連絡先にメンバーを追加できます。

第6章 iOS／Android端末でZoomを使おう

141

参加者
ホスト

バーチャル背景を使おう

覚えておきたいキーワード

☑ バーチャル背景
☑ 背景
☑ iPhone 8

スマホでもバーチャル背景機能を使用できます。背景を見せたくない場合には、バーチャル背景機能を使いましょう。なお、iPhone 8以前に発売されているiPhoneやAndroidを搭載しているスマホではバーチャル背景が使えない機種もあります。

1 バーチャル背景を設定する

 キーワード **バーチャル背景**

動画や静止画を仮想的な背景に設定する機能。

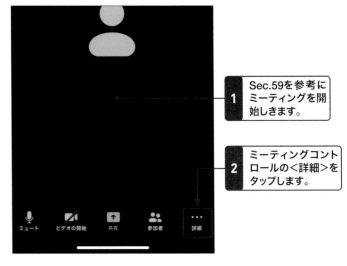

1 Sec.59を参考にミーティングを開始しきます。

2 ミーティングコントロールの＜詳細＞をタップします。

3 ＜背景とフィルター＞をタップします。

 メモ **バーチャル背景を設定できるiPhone**

バーチャル背景が使えるiPhoneは、iPhone 8以降に発売された機種。それ以前の機種を使っている場合、バーチャル背景の機能を使うことができません。

 ヒント バーチャル背景を
追加する

手順**4**の画面にある<＋>をタップすると、バーチャル背景に画像を追加できます。バーチャル背景にしたい画像があれば、あらかじめスマホに保存しておきましょう。

4 バーチャル背景にしたい画像を選びます。

5 バーチャル背景を確認できます。

6 バーチャル背景を設定できたら<閉じる>をタップします。

7 ミーティング画面の背景がバーチャル背景になります。

 メモ バーチャル背景を
オフにする

手順**4**の画面で<None>をタップするとバーチャル背景がオフになります。

表示方法を変えよう
（ギャラリー／スピーカー）

Section **64**
参加者
ホスト

覚えておきたいキーワード
☑ ギャラリービュー
☑ スピーカービュー
☑ スライド

スマホでギャラリービューやスピーカービューに切り替えるには、画面をスライドします。ギャラリービューでは表示できる人数が限られているので、たくさんの人数が参加している場合、画面を切り替えて表示していきます。

1 画面をスライドしビューを切り替える

 ヒント 安全運転モードとは

スピーカービューの画面で右方向にスライドすると安全運転モードが表示されます。このモードでは自動的にビデオが停止され、音声もミュートになります。＜会話するにはタップ＞をタップすると会話できるようになります。

スピーカービューの画面

1 Sec.59を参考にミーティングを開始すると、スピーカービューの画面が表示されます。

2 左にスライドするとギャラリービューの画面に切り替わります。

ギャラリービューの画面

1 右にスライドすると、スピーカービューの画面に切り替わります。

 ヒント 参加者が多い場合

参加者が多い場合、ギャラリービューが1画面に収まらない場合があります。その場合、ギャラリービューの画面からさらに左にスライドしていくと、ほかの参加者を確認できます。

第6章 iOS／Android端末でZoomを使おう

第**7**章

Zoomで困った時のQ&A

Question

01

参加者
ホスト

接続が
うまくいかない

Answer

1 ネットワークの状況をチェックし、必要に応じて変更します。

Wi-Fiを使ってインターネット接続している場合、Wi-Fiの接続状況や回線状況によってインターネットの接続が不安定な場合があります。ここではWi-Fiの設定を見直してみます。

アクセスポイントの近くに移動する

移動できる場合、パソコンを移動します。難しい場合、ルーターの位置を調整します。

他の Wi-Fi のアクセスポイントに接続する

Wi-Fiに再接続してみたり、他のアクセスポイントに接続してみたりして、ネットワークの状況が改善するか確認します。

有線 LAN で接続する

パソコンのLANポートとルーターをLANケーブルで接続します。

ルーターを再起動する

ルーターの管理画面から＜再起動＞を実施します（画面はASUS AC59U）。

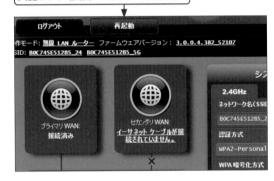

Answer

2 映像をオフにする

ネットワークの帯域が不足している場合、ネットワークに流れるデータ量を削減するのが有効です。映像なしの音声会議にしたり、映像の画質を落としたりすると改善する場合があります。まずは＜ビデオの停止＞をクリックし、映像をオフにしてみましょう。

ビデオをオフにし、様子を見ます。他の参加者のビデオもオフにしてもらうよう依頼しましょう。

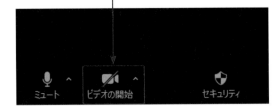

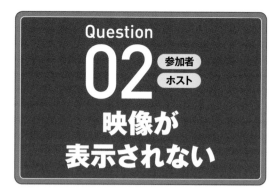

Question

02
参加者
ホスト

映像が表示されない

Answer

1 カメラの設定を見直してみます。

画面が真っ黒でビデオが表示されない場合には、OSの設定を確認しましょう。ここではWindowsのアプリがカメラにアクセスできるような設定方法を紹介します。

OS のプライバシー設定を確認する

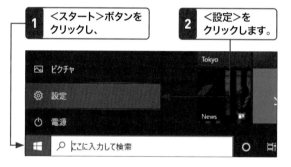

1 <スタート>ボタンをクリックし、

2 <設定>をクリックします。

3 <プライバシー>をクリックします。

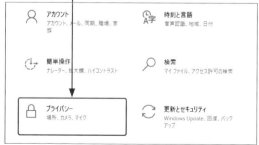

4 <カメラ>をクリックし

5 <アプリがカメラにアクセスできるようにする>をオンにします。

6 <デスクトップアプリがカメラにアクセスできるようにする>をオンにします。

Answer

2 それでもダメなら再起動してみる

どうしてもうまくできない場合には、パソコンを再起動するとうまくいく場合があります。最終手段ですが、どうしようもない場合には試してください。

OSを<再起動>します。

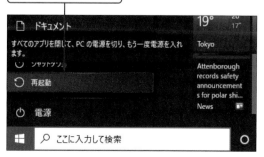

Question 03 参加者 ホスト

音が出ない

Question 04 参加者 ホスト

ハウリングを どうにかしたい

Answer

1 オーディオの設定を見直します。

音声がミュートされていたり、オーディオの設定が間違えていたりすると、音が出なくなります。ここでは音声やZoomの設定を確認し、問題があれば正しい設定に修正しましょう。

「ミュート」を確認する

<ミュートを解除>をクリックします。

「インターネットを使用した通話」を選ぶ

<オーディオに接続>をクリックし、
<コンピュータでオーディオに参加>します。

Answer

1 1台のパソコンでマイクを使うか、それぞれヘッドセットをしましょう。

同じ室内でZoomを使うと、スピーカーから出てくる音声をマイクが拾い、ハウリングを起こします。同じ部屋でZoomを使う場合、1台のパソコンでマイクやスピーカーフォンを使うか、それぞれがヘッドセットを使い、ハウリングを防ぎましょう。

1台のパソコンでマイクやスピーカーフォンを使う

音声を出す端末以外は<ミュート>をクリックし、音声をミュートにします。

ヘッドセットを使う

参加者全員がヘッドセットを使えば、ハウリングなども抑えられます。

05

参加者
ホスト

外見を少し
つくろいたい

Answer

1 スタジオエフェクト機能を使います。

ベータ版 (ver.5.3.0 より) として搭載されている「スタジオエフェクト」機能を使うと、画面にエフェクトをかけることができます。眉やリップカラーなどを変更すれば、外見をつくろうことができます。

1 クライアントアプリのホーム画面で⚙をクリックし、

2 ＜背景とフィルター＞をクリックします。

3 ＜スタジオエフェクト＞をクリックします。

4 眉の形や色、透明度を選択します。

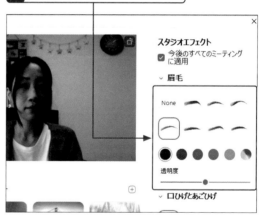

5 リップカラーの色や透明度を選択します。

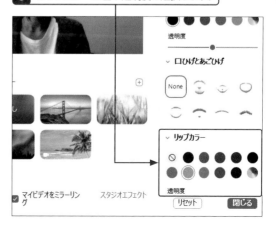

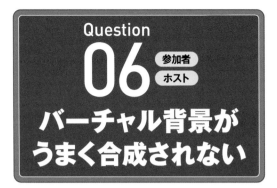

Question

06

参加者
ホスト

バーチャル背景が
うまく合成されない

Answer

1 背景にグリーンシートを使います。

バーチャル背景は非常に便利な機能ですが、背景と人物の境界が曖昧になったり、体の一部分が背景に溶け込んでしまうことがあります。そういう場合、グリーンシートを使うときれいに表示されます。

グリーンシートを背景にする

1 グリーンシートを購入し組み立て、背景にします。

2 クライアントアプリのホーム画面で、⚙をクリックします。

3 <背景とフィルター>をクリックします。

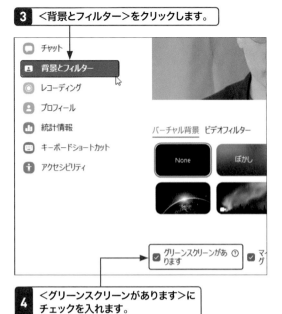

4 <グリーンスクリーンがあります>にチェックを入れます。

5 背景を選びます。

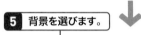

6 輪郭がぼやけて見える場合、背景色をクリックし、

7 設定したい背景色の場所をクリックします。

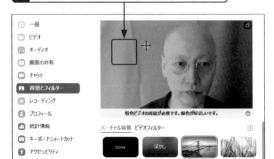

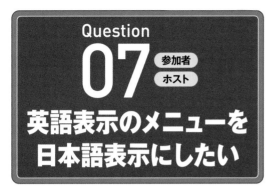

Question 07

参加者
ホスト

英語表示のメニューを日本語表示にしたい

Answer

1 Zoomの設定を「日本語」に変更します。

Zoomのクライアントアプリは、多言語対応しています。そのため、設定が「英語」になっているとメニューなどが英語で表示されてしまいます。言語の設定を「日本語」に変更すれば、メニューも日本語で表示されます。

1 クライアントアプリを起動し表示を確認します。

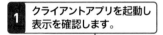

Zoomアイコン

2 Windowsのタスクバーで∧をクリックします。

3 Zoomアイコン上で右クリックします。

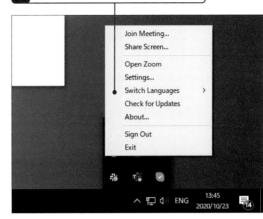

4 <Switch Languages>にマウスカーソルを移動し、

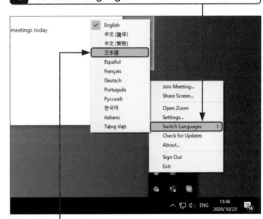

5 <日本語>をクリックします。

6 アプリが再起動し、日本語表示に切り替わります。

第7章 Zoomで困った時のQ&A

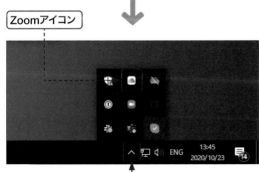

Question

08

参加者
ホスト

迷惑なチャットを制限したい

Answer

1 ホストは「チャット」を制限できます。迷惑なチャットはホストに制限してもらいましょう。

チャットは便利な機能ですが、ミーティングの邪魔になる場合、ホストがチャットを制限しましょう。チャットの制限にはミーティング中のチャットを制限する方法と、すべてのミーティングのチャットを制限する方法があります。

ミーティング中にチャットを制限する

1 ＜チャット＞をクリックし、チャットウィンドウを開きます。

2 …をクリックし、

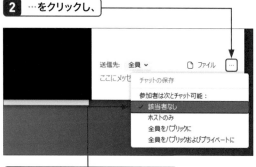

3 ＜該当者ナシ＞をクリックします。

設定でチャットを制限する

1 Zoomのサイトにサインインし、＜設定＞をクリックします。

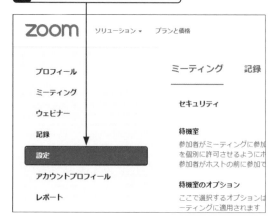

2 ＜チャット＞の項目を探し、オフにします。

3 確認画面が開くので、＜オフにする＞をクリックします。

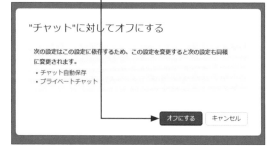

Question

09

参加者
ホスト

公開オンライン
イベントに参加したい

Answer

1 オンラインイベントに
申し込みし、参加します。

最近、オンラインによるセミナーやイベントが数多
く開催されています。参加したいセミナー／イベン
トを探し、申し込むことでオンラインで参加できま
す。

参加を申し込む

1 オンラインイベントの参加者を募集しているサイト
にアクセスし、参加の申し込みを行います。申し込
みの方法はサイトによって異なります。

2 イベントによっては、参加する日程などを
選べる場合もあります。

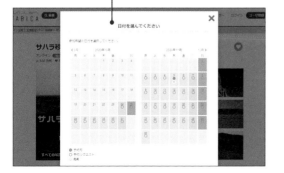

オンラインイベントに参加する

1 主催者からZoomミーティングのURLが記載され
たメールやメッセージなどが届きます。指定日時に、
リンクをクリックします。

2 Sec.11を参考にオンラインイベントに参加します。

3 オンラインイベントでは、発言する必要がない時に
は音声を<ミュート>にするなど、イベントの邪魔
にならないよう配慮しましょう。

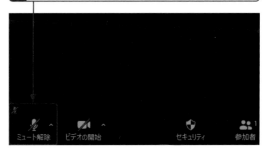

Question

10

参加者
ホスト

オンラインイベントで 匿名で質問したい

Answer

1 ウェビナーの主催者が匿名 Q&Aを許可していれば、匿名 での質問ができます。

ちょっとしたことを質問するのに名前を名乗るまで もないという場合には、匿名で質問をしましょう。 ウェビナーの主催者が匿名Q&Aの許可をしていれ ば、匿名で質問できます。

Q&A 機能を設定する（ホスト）

1 Zoomのサイトにサインインし ＜ウェビナー＞をクリックします。

2 ＜ウェビナーをスケジュールする＞を クリックします。

3 ウェビナーをスケジュールした次の画面で ＜質疑応答＞をクリックします。

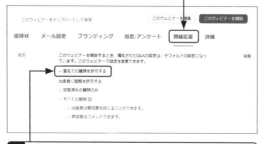

4 ＜匿名での質問を許可する＞のチェックを入れます。

質問を匿名で送信する（参加者）

1 ウェビナーに参加し＜Q&A＞をクリックします。

2 「質問と回答」ウィンドウが開くので、 質問を入力ます。

Q&Aへようこそ

あなたが尋ねる質問はここに表示されます。質問をすべて表 示できるのはホストとパネリストだけです。

> スペックや想定しているユーザーを教えてください。

☑ 匿名で送信　　　　キャンセル　　送信

3 ＜匿名で送信＞の チェックを入れます。

4 ＜送信＞を クリックします。

5 匿名で質問が送信されます。

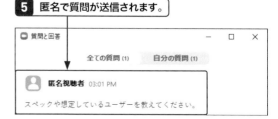

質問と回答

全ての質問 (1)　　自分の質問 (1)

匿名視聴者 03:01 PM

スペックや想定しているユーザーを教えてください。

Question

11

参加者
ホスト

クライアントアプリを
アップデートしたい

Answer

1 クライアントアプリからアップデートを確認し、アップデートを行います。

Zoomのクライアントアプリからアップデートの確認ができます。アップデートがあれば、クライアントアプリを最新バージョンに更新できます。

アップデートを確認して更新する

1 クライアントアプリを起動し、ホーム画面で
 をクリックします。

2 <アップデートを確認>をクリックし、

3 <更新>をクリックします。

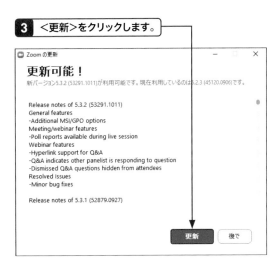

4 クライアントアプリが更新され再起動されます。

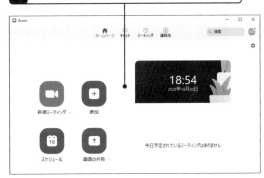

アップデートの通知から更新する

クライアントアプリでアップデートの通知があれば
<更新>をクリックすることでアップデートできます。

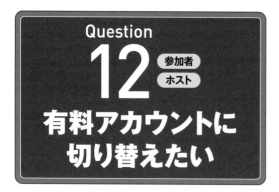

Question

12 有料アカウントに切り替えたい

参加者
ホスト

Answer

1 Webサイトで有料アカウントの申し込みをします。

無料から有料のアカウントに切り替えることができます。Zoomのサイトでアップグレードできます。

1 Zoomのサイトにサインインし、<プロフィール>をクリックします。

2 <アップグレードする>をクリックします。

3 <アカウントをアップグレード>をクリックします。

4 ライセンスの数と料金プランを選択し、

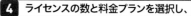

5 <保存して続行>をクリックします。

6 月払いか年払いを選択し、

7 <保存して続行>をクリックします。

8 支払い情報などを入力し、

9 <保存して続行>をクリックします。

Question 13

参加者
ホスト

セキュリティを高めたい

Answer

1 Zoomのセキュリティを高めるための設定や対処方法を知っておくようにしましょう。

Zoomでは「荒し」対策のためのセキュリティ機能がいくつか用意されています。ここではセキュリティの設定や荒し対策に有効な方法を紹介します。

セキュリティ設定をする

1	Zoomのサイトにサインインし<設定>をクリックします。	2	<待機室>をオンにします。

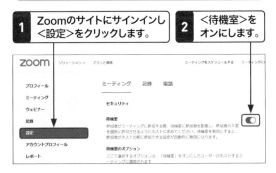

3 <認証されているユーザーしかウェブクライアントからミーティングに参加できません>をオンにすると、Zoomにサインインしているユーザーしかミーティングに参加できなくなり、セキュリティを高めることができます。

悪質な参加者をミュートする

クライアントアプリで、<参加者>パネルを開き、悪質な参加者を選び<ミュート>をクリックします。

悪質な参加者を退出させる

クライアントアプリで、<参加者>パネルを開き、悪質な参加者を選び<詳細>→<削除>の順にクリックします。

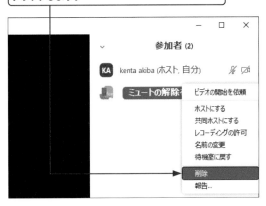

ミーティングをロックする

クライアントアプリで、<参加者>パネルを開き、<…>→<ミーティングのロック>の順にクリックします。

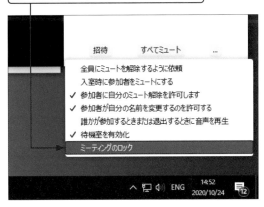

索引

■ お問い合わせについて

本書に関するご質問については、本書に記載されている内容に関するもののみとさせていただきます。本書の内容と関係のないご質問につきましては、一切お答えできませんので、あらかじめご了承ください。また、電話でのご質問は受け付けておりませんので、必ずFAXか書面にて下記までお送りください。
なお、ご質問の際には、必ず以下の項目を明記していただきますようお願いいたします。

1　お名前
2　返信先の住所またはFAX番号
3　書名（今すぐ使えるかんたん　Zoom　ビデオ会議やオンライン授業で活用する本）
4　本書の該当ページ
5　ご使用のOSとソフトウェアのバージョン
6　ご質問内容

なお、お送りいただいたご質問には、できる限り迅速にお答えできるよう努力いたしておりますが、場合によってはお答えするまでに時間がかかることがあります。また、回答の期日をご指定なさっても、ご希望にお応えできるとは限りません。あらかじめご了承くださいますよう、お願いいたします。

■ 問い合わせ先

〒162-0846
東京都新宿区市谷左内町21-13
株式会社技術評論社　書籍編集部
「今すぐ使えるかんたん　Zoom　ビデオ会議やオンライン授業で活用する本」
質問係
FAX番号　03-3513-6167

https://book.gihyo.jp/116/

■ お問い合わせの例

FAX

1　お名前
　　技術　太郎

2　返信先の住所またはFAX番号
　　03-XXXX-XXXX

3　書名
　　今すぐ使えるかんたん　Zoom
　　ビデオ会議やオンライン授業で活用する本

4　本書の該当ページ
　　66ページ

5　ご使用のOSとソフトウェアのバージョン
　　Windows 10
　　Zoomクライアント5.4.3

6　ご質問内容
　　画面共有ができない

※ご質問の際に記載いただきました個人情報は、回答後速やかに破棄させていただきます。

今すぐ使えるかんたん Zoom
ビデオ会議やオンライン授業で活用する本

2021年1月12日　初版　第1刷発行
2021年6月24日　初版　第4刷発行

著　者●マイカ
発行者●片岡　巖
発行所●株式会社　技術評論社
　　　　東京都新宿区市谷左内町21-13
　　　　電話　03-3513-6150　販売促進部
　　　　　　　03-3513-6160　書籍編集部
装丁●田邉恵里香
本文デザイン／DTP●内藤真理
本文イラスト●三井俊之
編集●マイカ
担当●伊東健太郎
製本／印刷●大日本印刷株式会社

定価はカバーに表示してあります。

ISBN978-4-297-11795-5 C3055
Printed in Japan